S. Parthasarathy

K. Prabakar

Fitotoxinas relacionadas com a patogénese: Principais agentes patogénicos fúngicos pós-colheita

S. Parthasarathy
K. Prabakar

Fitotoxinas relacionadas com a patogénese: Principais agentes patogénicos fúngicos pós-colheita

Imprint

Any brand names and product names mentioned in this book are subject to trademark, brand or patent protection and are trademarks or registered trademarks of their respective holders. The use of brand names, product names, common names, trade names, product descriptions etc. even without a particular marking in this work is in no way to be construed to mean that such names may be regarded as unrestricted in respect of trademark and brand protection legislation and could thus be used by anyone.

Cover image: www.ingimage.com

This book is a translation from the original published under ISBN 978-3-659-91646-5.

Publisher:
Sciencia Scripts
is a trademark of
Dodo Books Indian Ocean Ltd. and OmniScriptum S.R.L publishing group

120 High Road, East Finchley, London, N2 9ED, United Kingdom
Str. Armeneasca 28/1, office 1, Chisinau MD-2012, Republic of Moldova, Europe
Managing Directors: Ieva Konstantinova, Victoria Ursu
info@omniscriptum.com

Printed at: see last page
ISBN: 978-620-3-23287-5

RESUMO

A antracnose e a podridão da extremidade do caule são as principais doenças pós-colheita da manga. A antracnose é causada por *Colletotrichum gloeosporioides* (Penz.) (Penz. e Sacc.) e o apodrecimento do caule é causado por *Lasiodiplodia theobromae* (Pat.) (Griffon e Maubl). Os principais agentes patogénicos fúngicos perigosos do campo e da pós-colheita, *nomeadamente C. gloeosporioides* e *L. theobromae*, foram isolados de diferentes zonas agro-climáticas do estado de Tamil Nadu, na Índia. Além disso, os agentes patogénicos foram cultivados em meio de dextrose de batata (PDA) e provaram a sua patogenicidade em diferentes cultivares *in vitro* pelos métodos de pin prick e suspensão de esporos. A caraterização morfológica dos isolados revelou uma grande variação entre os isolados de ambos os agentes patogénicos, no que diz respeito à cor da colónia, topografia, margem, pigmentação e zonação. As regiões ITS dos isolados foram amplificadas usando os primers universais, ITS-1 e ITS-4, que geraram amplicons de tamanho 560 pb para *C. gloeosporioides* e 550 pb para *L. theobromae*. Os compostos tóxicos produzidos pelos agentes patogénicos, *nomeadamente C. gloeosporioides* e *L. theobromae*, foram extraídos e o seu papel na patogenicidade foi testado através da inoculação de filtrados de cultura brutos e filtrados diferentemente diluídos em folhas de mangueira. As toxinas brutas extraídas separadamente pelo método de extração por solventes foram testadas em folhas e frutos de manga em diferentes diluições para detetar o seu papel na patogenicidade. A natureza não selectiva da toxina foi determinada por bioensaio de germinação de plântulas e sementes, utilizando nove plantas não hospedeiras e três sementes de cereais. Os compostos tóxicos foram extraídos do extrato de levedura e dos caldos de dextrose de batata inoculados com *C. gloeosporioides* e *L. theobromae*, respetivamente, pelo método de difusão por solvente e parcialmente purificados por cromatografia em camada fina (CCF) utilizando diluentes padronizados (dimetilsulfóxido) e fase móvel de clorofórmio: ácido acético glacial: etanol (3:1:1) para *C. gloeosporioides* e butanol: água: ácido acético glacial (5:3:2) para *L. theobromae*. Os compostos tóxicos parcialmente purificados por TLC foram identificados através de Cromatografia Gasosa/Espectrómetro de Massa (GC/MS). O perfil de compostos voláteis únicos emanados por frutos de manga tratados com hexanal e artificialmente inoculados com *C. gloeosporioides* e *L. theobromae* separadamente foi detectado por GC/MS.

ÍNDICE

CAPÍTULO 1

INTRODUÇÃO

A manga (*Mangifera indica* L.), pertencente à família das dicotiledóneas (Anacardiaceae), da ordem Sapindales, é um dos frutos mais importantes e reputados do mundo e é considerada como o "Rei dos frutos" ou "Maçã dos trópicos", provavelmente originária da região da Indo-Birmânia, (Popenoe, 1927; Vavilov, 1949; Mukherjee, 1971). Foram referidos dois centros primários de origem, a Índia com tipos monoembriónicos (embrião único) e as Filipinas com tipos poliembriónicos (embrião múltiplo) (Juliano, 1937). Este é um dos frutos tropicais mais antigos e tem sido cultivado na Índia pelo homem há mais de 4000 a 6000 anos (Hulme, 1971) e, atualmente, é cultivado em todo o mundo. Esta cultura adapta-se melhor a um clima tropical quente de monção, com uma estação seca pronunciada seguida de chuvas (Arauz, 2000). A diversificação forma muitos produtos bem conhecidos como o Alphonso (Índia), Cambodiana (Vietname), Carabao (Filipinas), Kensington (Austrália), Maya (Israel), Nam Dok Mai (Tailândia), Tommy Atkins, Haden e Keitt (América), *etc*,

Na Índia, a manga ocupa uma área de 2,3 milhões de hectares, com uma produção total de 1,52 milhões de toneladas métricas e uma produtividade de 6,6 toneladas por hectare. Entre os estados, Tamil Nadu ocupa o sexto lugar em termos de área cultivada (1,48 milhões de ha), produção (8,23 milhões de toneladas métricas) e produtividade (5,6 toneladas por ha) (IHD, 2015). Atualmente, a manga é considerada um artigo exótico e de especialidade nos mercados mundiais de importação, tornando-se uma cultura de exportação cada vez mais importante para muitos países tropicais. No entanto, o comércio de manga tem sido limitado pela natureza altamente perecível deste fruto, que é suscetível a temperaturas extremas e a lesões físicas, e devido a doenças pós-colheita que contribuem para perdas importantes, que representam 17 a 37% anualmente em todo o mundo. A crescente sensibilização dos consumidores para a saúde resultou num maior consumo de produtos frescos isentos de agentes

4

patogénicos pós-colheita, toxinas microbianas e resíduos químicos. Por conseguinte, os produtos doentes e tratados com produtos químicos já não são aceites. Sabe-se que cerca de 27 géneros diferentes de fungos causam doenças em mangas (Prakash e Srivastava, 1987), entre as quais a antracnose causada por *Colletotrichum gloeosporioides* Penz. (Penz. e Sacc) e a podridão da extremidade do caule causada por *Lasiodiplodia theobromae* Pat. (Griffon e Maubl.) são as mais importantes (Johnson e Coates, 1993). Uma das caraterísticas destas doenças pós-colheita é que, numa determinada fase entre a chegada do inóculo e o desenvolvimento da doença progressiva, o crescimento do agente patogénico é interrompido. Estas infecções paradas são geralmente descritas como latentes (Verhoeff, 1974). A antracnose e a podridão da extremidade do caule desenvolvem-se durante a maturação a partir de infecções latentes que ocorreram no campo (Muirhead e Grattidge, 1984). *C. gloeosporioides* causa grandes lesões que se espalham na superfície dos frutos. As perdas no campo devido a esta doença foram estimadas em 2 - 39%. Durante o armazenamento, as perdas aumentaram até 51,70% (Pandey *et al.*, 2011). *A L. theobromae* provoca lesões negras à volta da base do pedicelo. Mais tarde, a área afetada alarga-se para formar uma mancha circular, negro-acastanhada que, em atmosfera húmida, se estende rapidamente e torna todo o fruto negro em 2 - 3 dias. As perdas devidas à podridão da extremidade do pedúnculo da manga foram registadas em cerca de 7% (Sarkar *et al.*, 2011). A produção de toxinas e voláteis perigosos foi encontrada associada à patogenicidade de *C. gloeosporioides* e *L. theobromae*. Foi relatado que os agentes patogénicos produziram um metabolito tóxico altamente solúvel em água em culturas fixas e a toxina reproduziu os mesmos sintomas da doença no inhame (Bem *et al.*, 2013) e no parthenium (Rajasekharan *et al.*, 2001). Os sintomas como a necrose, a desintegração e a secagem dos tecidos foram relacionados com a toxina (Venkadaravannapa *et al.*, 2007).

Foi registada a produção de fitotoxinas por várias espécies de *Colletotrichum*. As toxinas cuja estrutura química foi identificada incluem compostos relacionados com a toxina colletotrichins produzidos por *C. nicotianae* e *C. capsici*, colletopyrone produzido por *C. nicotianae,* aspergillomarasmins produzido por *C. gloeosporioides* e ferricrocin produzido por *C. gloeosporioides.* Estas toxinas são consideradas toxinas não específicas do hospedeiro. Além disso, foi relatado que *C. fuscum, C. camelliae, C. capsici* e *C. gloeosporioides* produzem toxinas cuja estrutura não foi identificada (Yoshida *et al.*, 2000). As toxinas acima referidas produzidas por espécies de *Colletotrichum* foram recuperadas apenas a partir de meios de cultura (filtrados de cultura), não havendo relatos de toxinas que ocorrem em tecidos infectados, como a vivotoxina.

A forte associação da gravidade da doença com a produção de toxinas torna-a um fator importante a considerar na gestão do agente patogénico. No entanto, a falta de conhecimentos sobre a purificação e a natureza química da toxina e a deteção dos voláteis dos agentes patogénicos constitui um obstáculo à gestão da doença no terreno.

CAPÍTULO 2

REVISÃO DA LITERATURA

2. 1. Importância das doenças pós-colheita

Estima-se que as perdas pós-colheita de frutos e produtos hortícolas nos países em desenvolvimento se situam entre 5 e 50% ou mais dos produtos colhidos (Salunkhe e Desai, 1984). Mesmo nos países com tecnologias mais avançadas, as perdas pós-colheita são substanciais (Eckert e Ogawa, 1985).

As perdas devidas a doenças pós-colheita são um dos maiores constrangimentos enfrentados durante a armazenagem e o transporte de produtos perecíveis. Nos países em desenvolvimento, os investigadores e as entidades reguladoras envolvidas na produção e comercialização dos produtos não dispõem de informações exactas sobre a prevalência das doenças pós-colheita dos produtos perecíveis e sobre as perdas económicas. Nalguns casos, foram comunicadas estimativas de perdas, mas os dados recolhidos no mercado grossista indicam apenas uma parte das perdas totais, podendo ocorrer perdas maiores nos sectores retalhista e doméstico.

Além disso, as consequências importantes muitas vezes ignoradas incluem,

- Redução do valor nutritivo e da qualidade de consumo dos frutos.

- Contaminação de géneros alimentícios por micotoxinas produzidas por agentes patogénicos.

- Metabolitos tóxicos produzidos pelo tecido vegetal doente em resposta ao ataque de fungos.

- Sabor inaceitável dos géneros alimentícios ou produtos associados a matérias doentes.

2. 2. Principais doenças pós-colheita da manga

A manga (*Mangifera indica L.*) é uma das culturas frutícolas comerciais nutritivas cultivadas principalmente nos países tropicais e subtropicais. A manga é suscetível a um certo número de doenças pré-colheita e pós-colheita, que ascendem a mais de 140 em todo o mundo. Desde as plântulas jovens até às árvores e frutos maduros, em todas as fases, desde o campo até ao armazenamento, podem sofrer uma série de stresses bióticos e abióticos. Todas as partes da planta, nomeadamente o tronco, os ramos, os galhos, as folhas, os pecíolos, as flores e os frutos, são susceptíveis de ser atacadas por um certo número de agentes patogénicos, em especial fungos (Pandey *et al.*, 2011).

As perdas pós-colheita de frutos representam 17 a 37% por ano em todo o mundo. Entre as doenças pós-colheita da manga, a antracnose causada por *Colletotrichum gloeosporioides* causa perdas até 100% em condições de humidade durante o armazenamento (Zhu, 2006). A podridão da extremidade do caule da manga, causada por *Lasiodiplodia theobromae*, causa perdas anuais até 7%. As outras doenças pós-colheita comuns da manga incluem o bolor negro causado por *Aspergillus niger* e a mancha negra causada por *Alternaria alternata*. Para além de causarem perdas graves no rendimento, as doenças pós-colheita também reduzem a qualidade dos frutos da manga.

2. 3. Sintomatologia

2. 3. 1 Sintomas da antracnose

Os sintomas da antracnose são normalmente encontrados nas folhas, panículas e frutos das árvores (Arauz, 2000). Nas folhas, as lesões desenvolvem-se principalmente nos tecidos jovens como pequenas manchas angulares, castanhas a pretas, que podem aumentar até formar extensas áreas mortas em ambos os lados. As lesões podem cair das folhas durante o tempo seco. O primeiro sintoma nas panículas (antracnose ou míldio) são pequenas manchas pretas ou castanhas-escuras no pedúnculo da inflorescência e nas flores individuais, que podem aumentar, coalescer e matar as flores antes da produção de frutos e as flores atacadas estão secas e a sua cor varia de castanho a preto, reduzindo assim grandemente o rendimento. Os pecíolos, galhos e caules também são susceptíveis e desenvolvem as típicas lesões negras e expansivas nos frutos, folhas e flores (Ploetz *et al.*, 1996). Nos frutos maduros e maduros, os sintomas aparecem como lesões necróticas e afundadas de cor castanha escura. As manchas afundadas continuam a aumentar até que grande parte da superfície do fruto se torne podre. Nos frutos, lesões irregulares pretas de tamanhos variados estão espalhadas por toda a superfície do fruto e em poucos dias. Nas fases avançadas da doença, o fungo produz acérvulos e aparecem abundantes massas de conídios de cor laranja a rosa-salmão nas lesões, que coalescem e cobrem toda a área e os frutos ficam podres (Jeffries *et al.*, 1990).

2. 3. 2 Sintomas da podridão da extremidade do caule

O sintoma da podridão da extremidade do pedúnculo são lesões pretas e macias que se estendem da extremidade do pedúnculo do fruto até à extremidade basal (Awa *et al.*, 2012). Na fase inicial, o epicarpo escurece à volta da base do pedicelo. Mais tarde, a área afetada alarga-se para formar uma mancha circular, negro-acastanhada que, sob atmosfera húmida, se estende rapidamente e torna todo o fruto negro em 2 a 3 dias. A polpa dos frutos doentes torna-se castanha e um pouco mais mole (Korsten, 2004). O pedicelo, se presente, torna-se seco. A esporulação não ocorre a menos que o fruto seja deixado em condições húmidas durante mais de um mês.

2. 4. Organismos causais

2. 4. 1. Agente patogénico: *Colletotrichum gloeosporioides*

Na Índia, a antracnose da manga é provocada por *Colletotrichum gloeosporioides* Penz. (Ekbote *et al.*, 1997), a fase anamórfica dos conídios produzida por este agente patogénico foi considerada mais importante do que a fase teleomórfica, *Glomerella cingulata*, que produz ascósporos, uma vez que os conídios iniciam o processo de infeção e não os ascósporos. Freeman *et al.* (1998) relataram que os conídios *de C. gloeosporioides* são hialinos, oblongos com extremidades obtusas. Nakamura *et al.* (2008) relataram que o conídio de *C. gloeosporioides* era unicelular, reto, cilíndrico, obtuso no ápice, às vezes ligeiramente agudo na base e com 10 - 22,5 × 3,75 - 6,25 μm de tamanho. Kolomiets *et al.* (2008) relataram que o isolado de *C. gloeosporioides* de *Salsola tragus* produziu conídios unicelulares, hialinos, ovóides a oblongos e falcados a retos, medindo 12,9 - 18,0 × 2,8 - 5,5 μm (média de 15,6 × 4,2 μm) e formados em conidióforos hialinos a levemente marrons em acérvulos de forma irregular e com cerca de 500 μm de diâmetro. Os selos são 4 - 8 × 200 μm, um a quatro septos, castanhos e ligeiramente inchados na base e afilados no ápice.

2. 4. 2. Agente patogénico: *Lasiodiplodia theobromae*

O fungo *Lasiodiplodia theobromae* (Pat.) Griffon & Maublis é sinónimo de *Botryodiplodia theobromae*. No entanto, Sutton (1980) adoptou o nome *L. theobromae* como sugerido por Zambettakis (1954). *B. theobromae* (Pat.) é o estágio anamorfo de *Botryosphaeria rhodina* (Cooke) arx. As principais caraterísticas que distinguem este género de outros géneros intimamente relacionados são a presença de paráfises picnidiais e estrias longitudinais nos conídios maduros (Sutton, 1980; Sivanesan, 1984). Tovar-Pedraza *et al.* (2012) observaram que o picnídio de *L. theobromae* era preto, obpiriforme e ostiolado. Os conídios imaturos eram hialinos, elipsoidais a subovóides, amerósporos, 22,73 - 27,04 × 11,88 - 15,84 μm, de paredes espessas com conteúdo granular. Os conídios maduros eram castanhos escuros, elipsóides a ovóides, didimósporos, 19,66 - 26,35 × 11,30 - 14,17 μm, com estrias longitudinais e irregulares (Alam *et al.*, 2001).

2. 5. Patogenicidade de *C. gloeosporioides* e *L. theobromae*

Pandey *et al.* (2011) relataram que a suspensão de esporos com o método de picada de alfinete foi o melhor método de inoculação para *C. gloeosporioides* em folhas e frutos de manga. Os frutos inoculados com feridas foram incubados durante 7 dias para observar o desenvolvimento de lesões na superfície do fruto. Onyeani *et al.* (2012) observaram que a pulverização de suspensão de esporos de *C. gloeosporioides* foi o melhor método de inoculação para o desenvolvimento de antracnose em frutos de manga maduros. Latha (2009) relatou o método do disco micelial como o melhor método de inoculação para *L. theobromae* na região do colarinho do pinhão manso (*Jatropha curcas* Linn.). Sathya (2013) relatou que o método da picada de alfinete e do disco micelial é o método mais adequado para o desenvolvimento de sintomas típicos de antracnose pós-colheita e de podridão da extremidade do caule em todos os frutos de manga inoculados com o disco micelial de *C. gloeosporioides* e *L. theobromae* sete dias após a inoculação. A infeção quiescente começa no início da estação, quando o fruto ainda está na árvore, mas o agente patogénico permanece dormente como uma hifa sub-cuticular até o fruto atingir a maturidade. Quando o agente patogénico retoma a sua atividade durante o amadurecimento, a infeção provoca a formação de manchas castanhas típicas nos frutos maduros. As manchas nos frutos são inicialmente embebidas em água, geralmente de forma irregular e de cor amarelada. As manchas aumentam de tamanho, tomam a forma de lente ou de fuso e tornam-se castanho-escuras a pretas, com uma margem amarelada encharcada de água. O centro das manchas abre-se. Várias manchas podem coalescer e afetar grandes áreas do fruto. Em condições de humidade, desenvolvem-se massas alaranjadas de esporos no centro das manchas. A doença é comum na casca ferida e é agravada por contusões e feridas encontradas durante o manuseamento subsequente. O armazenamento prolongado e as flutuações para temperaturas de armazenamento elevadas favorecem o desenvolvimento da antracnose (Prusky e Litcher, 2007).

2. 6. Caracteres morfológicos dos agentes patogénicos

2. 6. 1. *C. gloeosporioides*

Von Arx (1957) relatou que *C. gloeosporioides* tem mais de 600 sinónimos e mostrou muitas variações morfológicas e fisiológicas. No que diz respeito à morfologia de *C. gloeosporioides,* o comprimento e a largura dos conídios do fungo foram relatados como sendo 8,3 - 27,4 µm e 2,0 - 6,6 µm, respetivamente (Palo, 1932). Sattar e Malik (1939) referiram que os acérvulos do fungo eram produzidos em abundância em partes de plantas doentes, que eram irregulares e apareciam como pontos castanhos a pretos. Os acérvulos maduros exsudam massas rosadas de conídios em condições de humidade. Os acérvulos mediam 80 - 250 µm e 115 - 467 × 95 - 22 µm (Bose *et al.*, 1973). Simmonds (1965) relatou que conídios largos e oblongos com extremidades arredondadas, medindo 14,0 × 3,7 µm para *C. gloeosporioides* var. *minor*.

2. 6. 2. *L. theobromae*

L. theobromae é um membro dos Coelomycetes com picnídios que são imersos a erumpentes ou superficiais, pilosos ou glabros, simples ou frequentemente agregados, atingindo até 5 mm de largura, com ou sem estroma. As células conidiogénicas são holoblásticas, anelídicas e os conídios são inicialmente hialinos, unicelulares, elipsoidais a oblongos, com paredes espessas e conteúdo granular. Os conídios maduros são bicelulares, de cor canela a fulvo ou castanho-escuro, geralmente com 20 - 30 × 10 - 15 µm de tamanho, com bandas longitudinais pigmentadas de forma diferente, semelhantes a estrias (Punithalingam, 1979). Uduebo (1975) relatou que, ao microscópio de luz, os picnidiósporos hialinos não septados parecem ser altamente vesiculados, enquanto os picnidiósporos septados pigmentados exibiam estrias hialinas longitudinais. Khanzada *et al.* (2006) referiram que os conídios de *L. theobromae* isolados de ramos de mangueira eram inicialmente hialinos, unicelulares, sub-ovóides a elipsoidais com um conteúdo granular. Posteriormente, observou-se que os conídios eram bicelulares, de cor canela a castanho-escuro, com paredes espessas, elipsoidais, frequentemente com estrias longitudinais de 18 - 30 × 10 - 15 µm de tamanho na maturidade.

2. 7. Crescimento micelial e esporulação de agentes patogénicos em diferentes meios

2. 7. 1. *C. gloeosporioides*

Os caracteres de crescimento de diferentes isolados de *Colletotrichum* sp. variaram em diferentes meios sólidos. O PDA suportou o crescimento máximo de *C. gloeosporioides* (Amarjit singh *et al.*, 2006; Nandinidevi, 2008). Hiremath *et al.* (1993) referiram que *C. gloeosporioides* produziu um crescimento micelial uniforme, branco a acinzentado, com esporulação abundante em meio Czapek's dox, extrato de folha de hospedeiro, ágar de farinha de aveia e meio Richard's agar. Sutton (1992) referiu que o fungo *C. gloeosporioides* produziu colónias brancas acinzentadas a cinzentas escuras em meio de ágar dextrose de batata (PDA), que escurecem em fases posteriores.

Nakamura *et al.* (2008) referiram que *C. gloeosporioides* isolado da palmeira belmore sentry produzia colónias brancas acinzentadas em meio de ágar batata dextrose. Manjunath (2009) referiu que *C. gloeosporioides* produziu colónias de cor preta em ágar-água, colónias de cor branca em ágar de Richard, ágar de farinha de aveia, ágar dextrose de batata, extrato de folha de hospedeiro e ágar de Walksman, colónias brancas enegrecidas em ágar nutriente, brancas acinzentadas em ágar dox de Czapek e colónias brancas escuras em meio de ágar rosa de bengala de Martin e colónias brancas avermelhadas em meio de ágar B de King. Pandey *et al.* (2012) referiram que o fungo *C. gloeosporioides* produziu micélio aéreo em ágar de Richard e Brown e esporulou profusamente em ágar de farinha de aveia e de farinha de milho, juntamente com o desenvolvimento abundante de acérvulos em anéis com poucas cerdas.

2. 7. 2. *L. theobromae*

As caraterísticas morfológicas do fungo em plantas doentes e em ágar batata dextrose foram consistentes com *L. theobromae* (Phipps e Porter, 1998). Khanzada *et al.* (2006) observaram que as colónias *de L. theobromae* eram inicialmente brancas, tornando-se rapidamente pretas e espalhando-se rapidamente com micélio imerso e superficial, ramificado e septado em meio de ágar de sacarose de batata (PSA). O ágar dextrose de farinha de milho (CMDA) e o ágar de manitol de extrato de levedura (YEMA) foram os mais adequados para o crescimento micelial de *L. theobromae*; enquanto o ágar de cenoura de batata (PCA) não suportou o crescimento micelial ou a produção de picnídios. Sathya (2013) referiu que 16 isolados de *L. theobromae* que causam a podridão da extremidade do caule da manga diferiam no seu padrão de crescimento micelial e no tamanho dos esporos em meio de ágar batata dextrose (PDA). Latha (2009) estudou os caracteres culturais de dezoito isolados de *L. theobromae*. Os micélios eram de propagação rápida, imersos, ramificados e septados. Foram produzidos picnídios pretos no meio PDA. Os conídios eram inicialmente hialinos, unicelulares e elipsoidais com conteúdo granular. Os conídios maduros eram bicelulares, de paredes espessas e de cor castanha escura, com um tamanho de 22,5 × 12,5 µm e possuíam estrias longitudinais.

2. 8. Caracteres culturais do agente patogénico

2. 8. 1. *C. gloeosporioides*

Sutton (1992) referiu que o fungo *C. gloeosporioides* produzia colónias branco-acinzentadas a cinzento-escuras em meio Potato Dextrose Agar (PDA), que escureciam em fases posteriores. Benyahia *et al.* (2003) diferenciaram o *C. gloeosporioides* com base nos caracteres da colónia, um crescimento micelial branco foi produzido por numerosas massas de esporos rosa-salmão sem setas. Michaela *et al.* (2006) referiram que os isolados de *C. acutatum* variavam nos seus caracteres de colónia. Observaram os isolados de morango como micélio de cor branca a cremosa, com um crescimento cotonoso a aéreo e o centro estava cheio de acérvulos de cor salmão a rosa. Nakamura *et al.* (2008) referiram que as colónias de isolados *de C. acutatum* apresentavam uma cor rosa pálido ou laranja pálido na ponta e amarelo alaranjado na base e que os isolados *de C. gloeosporioides* apresentavam uma cor cinzenta azeitona clara na parte superior e uma cor branca rosada ou amarelada na base. A forma e o tamanho dos conídios revelaram diferenças significativas entre as duas espécies. Nakamura *et al.* (2008) relataram que *C. gloeosporioides* isolado da palmeira belmore sentry produziu colónias branco-acinzentadas em meio de ágar dextrose de batata. Manjunath (2009) estudou os caracteres morfológicos de dez isolados de *C. gloeosporioides* de plantas de noni. Os conídios eram hialinos, cilíndricos e conidióforos curtos suportados por um único conídio. O conídio media 14,71 µm x 11,28 µm com um glóbulo de óleo centralmente colocado. As cerdas eram pretas e parecidas com agulhas e o número variava de 31,70 -

52,90 µm com 2 - 6 septações. Embora a maioria dos isolados tenha mostrado esporulação profusa, o isolado CC1 foi considerado altamente virulento e ficou em primeiro lugar na produção do número máximo de esporos e número de setas por acérvulo. Pandey *et al.* (2012) relataram que o fungo *C. gloeosporioides* produziu micélio aéreo em ágar de Richard e ágar de Brown e esporulou profusamente em ágar de farinha de aveia e ágar de farinha de milho, juntamente com o desenvolvimento abundante de acérvulos em anéis com poucas cerdas.

2. 8. 2. *L. theobromae*

Latha (2009) estudou os caracteres morfológicos de dezoito isolados de *L. theobromae*. Os micélios eram de propagação rápida, imersos, ramificados e septados. Foram produzidos picnídios pretos no meio PDA. Os conídios eram inicialmente hialinos, unicelulares e elipsoidais com conteúdo granular. Os conídios maduros eram bicelulares, de paredes espessas e de cor castanha escura, com um tamanho de 22,5 x 12,5 μ e possuíam estrias longitudinais.

2. 9. Caracterização molecular dos agentes patogénicos

2.9.1. Delimitação das espécies utilizando a região ITS (Internal Transcribed Spacer)

O gene rRNA dos organismos apresenta um pequeno polimorfismo específico e uma elevada variabilidade específica geral (Martin e Rygiewicz, 2005). A amplificação desta região e a sua restrição é uma ferramenta importante para descrever a variabilidade genética dos fungos fitopatogénicos e para determinar a possível correlação entre a região e o nível de patogenicidade numa população. O rRNA é constituído por unidades repetidas compostas por uma região transcrita (com genes para o rRNA 18S, 5.8S e 26S e regiões espaçadoras externas transcritas; ETS-1 e ETS-2) e uma região espaçadora não transcrita (NTS). A região transcrita consiste nos espaçadores transcritos internos ITS-1 e ITS-2, localizados em ambos os lados do 5.8S rRNA. As regiões espaçadoras internas transcritas, não codificantes e variáveis, e o gene 5.8S rRNA, codificante e conservado, são úteis para medir as relações filogenéticas dos fungos (Lee e Taylor, 1992). Uma vez que as regiões ribossómicas evoluem de forma concertada, apresentam um baixo polimorfismo intraespecífico e uma elevada variabilidade interespecífica (Li, 1997). Os iniciadores universais de PCR foram concebidos a partir de genes altamente conservados

que flanqueiam as regiões ITS dos agentes patogénicos fúngicos. O tamanho relativamente pequeno da região ITS e o elevado número de cópias de repetições de rDNA permitem a sua fácil amplificação.

2. 10. Fitotoxinas produzidas pelos agentes patogénicos fúngicos no hospedeiro durante o período de infeção

As fitotoxinas são os produtos metabólicos secundários dos microrganismos que causam danos evidentes às células e tecidos das plantas. Sabe-se que as fitotoxinas causam uma série de doenças destrutivas das plantas (Scheffer, 1983). Sabe-se que vários fungos patogénicos produzem toxinas específicas do hospedeiro em cultura e há provas conclusivas de que essas toxinas estão envolvidas na patogénese (Alam, 1995). Em alguns casos, contudo, a especificidade ou seletividade está relacionada com a produção e libertação de substâncias tóxicas com caraterísticas dignas de nota, como a patogenicidade e o desenvolvimento de lesões sintomáticas semelhantes. Estas são as chamadas toxinas específicas do hospedeiro (Pringle e Scheffer, 1964), que danificam ou destroem os tecidos das plantas que são susceptíveis aos agentes patogénicos produtores de toxinas, mas têm pouco ou nenhum efeito noutras plantas, microrganismos ou animais. Os produtos microbianos com toxicidade selectiva para as plantas foram já muitas vezes referidos no passado (Tanaka, 1993). A maioria destes são compostos de baixo peso molecular, que podem causar necrose, clorose, murchidão ou uma combinação destes sintomas (Scheffer, 1983).

2. 10. 1. Produção de fitotoxinas por *Colletotrichum* spp.

Os sintomas iniciais da maioria das plantas infectadas por *Colletotrichum*, especialmente nas folhas, começam como pequenas manchas castanhas irregulares, geralmente rodeadas por uma auréola amarela. Estas manchas coalescem mais tarde para formar uma lesão necrótica maior, indicando o envolvimento de metabolitos fitotóxicos, o que, por conseguinte, sugere um papel do metabolito tóxico segregado pelo agente patogénico no desenvolvimento da doença. Em algumas doenças de plantas, especialmente na antracnose do inhame, as toxinas produzem frequentemente uma invasão mais rápida e extensa pelo agente patogénico do que na ausência de toxinas (Amusa *et al.*, 1993). Desde a primeira hipótese toxigénica de Hutchinson sobre as doenças fúngicas das plantas, proposta em 1913, tem havido muitos relatos de fitotoxinas isoladas de filtrados de culturas de agentes patogénicos. Sabe-se que *Collectotrichum* spp. produz um metabolito fitotóxico que induz sintomas semelhantes aos do próprio agente patogénico (Goodman, 1960). Foram caracterizados e identificados metabolitos fitotóxicos para alguns *Colletotrichum* spp. que afectam algumas culturas na Ásia e na Europa (Goodman, 1960 e Gohbara *et al.*, 1978). A produção de fitotoxinas foi registada para várias espécies de *Colletotrichum* e a estrutura química foi elucidada para toxinas como as colletotrichinas (Gohbara *et al.*, 1978). A substância fitotóxica extraída induziu uma lesão necrótica semelhante aos sintomas induzidos pelos agentes patogénicos em folhas de inhame saudáveis (Amusa *et al.*, 1993). O isolamento de metabolitos fitotóxicos de muitas espécies de *Colletotrichum* foi relatado por muitos autores (Grove *et al.*, 1966; Ballio *et al.*, 1969; Nair e Ramakrishnan, 1973; Goddard *et al.*, 1979; Dasgupta, 1986; Wang, 1986; Ohra *et al.*, 1995; Yoshida *et al.*, 2000). Narain e Das (1970) relataram a produção de um metabólito tóxico por *C. capsici*. A toxina presente no filtrado da cultura de *C. capsici* inibiu a germinação e o alongamento da raiz de plântulas de malagueta. Yoshida *et al.* (2000) verificaram que *Colletotrichum dematium* produziu um metabolito tóxico não específico no meio de Richard. O agente patogénico produziu um metabolito tóxico termoestável no filtrado da cultura que afectou a germinação das sementes de malagueta e o crescimento das plântulas, além de causar o máximo de danos nos frutos.

2. 10. 2. Produção de fitotoxinas por *Lasiodiplodia* spp.

L. theobromae produz fitotoxina como derivado de α-metileno-γ-butirolactona a partir de frutos de banana infectados e também a partir de filtrados de cultura PDA isolados do agente patogénico *in vitro* por MS, IR e dados espectroscópicos de RMN ^{1}H e ^{13}C, incluindo experiências HMQC, HMBC e ^{1}H-^{1}H COSY (He *et al.*, 2004). Kashima *et al.* (2009) relataram a biossíntese da lactona do ácido resorcílico lasiodiplodina e os seus derivados (5S)-5- hidroxilados foram acetatos marcados com C em *Lasiodiplodia theobromae* determinados por espectros de RMN-C e INADEQUATE. Yaguchi (1996) relatou o isolamento e a elucidação estrutural de uma nova toxina, (3S,4R)-3-carboxi-2-metileno-heptan-4-olídeo, juntamente com ácido decúmbico do filtrado de cultura de *L. theobromae*. Três novos metabolitos fúngicos foram isolados do filtrado de cultura do fungo *L. theobromae* IFO 20948 (Matsuura *et al.*, 1999). Ranezabu *et al.* (2007) relataram que *a botriodiplodina* é uma micotoxina análoga à ribose isolada de culturas de *Botryodiplodia theobromae*, um fungo que causa a podridão dos frutos após a colheita em culturas de frutos tropicais. A botriodiplodina apresenta propriedades em solução, incluindo a presença de formas anoméricas e a geração de impurezas oligoméricas quando em repouso, o que torna possível a determinação estrutural por espetroscopia de alta resolução baseada em espetrometria de massa.

2. 10. Modo de ação das fitotoxinas no hospedeiro

A capacidade de um agente patogénico para infetar e invadir um hospedeiro compatível pode ser facilitada pela produção de toxinas que induzem a morte celular na proximidade do organismo invasor (Baker *et al.*, 1997). Gaumann (1950) tinha sugerido anteriormente que alguns agentes patogénicos não seriam bem sucedidos se a toxina não matasse as células antes do fungo e lhe permitisse estabelecer-se continuamente em células mortas ou moribundas e produzir mais toxinas. Baker *et al.* (1997) também referiram que a virulência de um organismo é por vezes reforçada pela sua capacidade de produzir fitotoxinas que matam as células do tecido que circunda o ponto de infeção. Os sintomas típicos da maioria das doenças das plantas revelam o envolvimento de metabolitos fitotóxicos, o que, por conseguinte, sugere um papel do metabolito tóxico segregado pelo agente patogénico no desenvolvimento da doença. Os metabolitos de muitos fungos podem ter efeitos adversos ou estimulantes nas plantas (Heisey *et al.*, 1985; Rice, 1995), tais como a supressão da germinação das sementes, a malformação e o atraso no crescimento das plântulas (Lynch e Clark, 1984). Neergaard (1979) referiu que alguns agentes patogénicos fúngicos produzem frequentemente fitotoxinas que afectam a germinação das sementes e o crescimento das plântulas. Betina (1984) referiu que alguns fungos na superfície das sementes produzem frequentemente micotoxinas que afectam a qualidade dos alimentos. As toxinas diferem das enzimas na medida em que não atacam a integridade estrutural do tecido, mas afectam o metabolismo de forma subtil (Buddenhangen e Kilman, 1964). As fitotoxinas também induzem uma acumulação de fitoalexinas (pigmentos de antocianidina) nas canas-de-açúcar tratadas semelhante à causada pelo agente patogénico (Viswanathan *et al.*, 1996). Amusa (1994) relatou que, a 100 µg/ml, os metabolitos tóxicos de *Colletotrichum* spp. mataram rebentos de plantas jovens, afectando provavelmente a função dos tecidos vasculares e a infeção rapidamente se expandiu para os tecidos adjacentes.

2. 10. 1. Seletividade das fitotoxinas em relação ao hospedeiro

A seletividade da fitotoxina em relação ao hospedeiro foi determinada por bioensaio de folhas destacadas e bioensaio de folhas fixas da toxina AK I e II produzida por *Alternaria alternata* nos hospedeiros susceptíveis (Hayashi *et al.*, 1990). Sabe-se que o agente patogénico da podridão vermelha *C. falcatum* produz um metabolito fitotóxico identificado como um composto de antroquinona, que é específico do hospedeiro e produz parte dos sintomas da doença (Malathi *et al.*, 2002). Ouyang *et al.* (1993) relataram que a toxina secretada em cultura de *C. capsici* induziu lesões nas folhas *de Capsicum* semelhantes às causadas por infeção natural no campo e a solução de toxina inibiu o crescimento da radícula de hospedeiros não selectivos, como cultivares de malagueta, grama verde, ervilha e feijão-frade. A inibição da germinação de sementes de malagueta e do alongamento de rebentos e raízes pode dever-se à produção de substâncias fitotóxicas não específicas segregadas por *C. capsici* e libertadas para o meio de cultura. O filtrado da cultura também inibiu a germinação de sementes e o alongamento de raízes e rebentos de arroz, milho painço, tomate e grama preta (Jeyalakshmi e Seetharaman, 1999). Narain e Das (1970) utilizaram a fitotoxina produzida por *C. capsici* para estudar a resistência a doenças em malaguetas em cultura de tecidos. Do mesmo modo, no café, foram efectuados alguns estudos sobre a geração de somaclones resistentes ao agente patogénico da antracnose, *Colletotrichum kahawae*, em cultura de tecidos, utilizando a toxina do agente patogénico (Nyange *et al.*, 1995). As respostas de culturas embriogénicas de manga a uma fitotoxina parcialmente purificada produzida por *C. gloeosporioides* foram consideradas critérios úteis na seleção de genótipos resistentes a doenças (Jayasankar *et al.*, 1999).

Foi relatado o efeito de metabolitos fitotóxicos de duas espécies de *Colletotrichum* em algumas ervas daninhas comuns em plantações de mandioca, feijão-frade e inhame no sudoeste da Nigéria (Amusa, 2005). Mathur (1995) verificou que o filtrado de cultura de quatro isolados de *C. capsici* tinha efeitos deletérios na germinação de sementes de malagueta e na mortalidade de plântulas e causava danos nos frutos. Os filtrados de cultura de *C. capsici* afectaram negativamente a germinação de sementes e o alongamento de raízes e rebentos. Zhang *et al.* (2012) provaram que a toxicidade dos meios de cultura líquidos de diferentes isolados foi caracterizada e algumas propriedades do ingrediente tóxico foram identificadas, tendo referido que as condições óptimas de produção de toxinas para *C. capsici* f. sp. *nicotianae* foram em caldo de batata dextrose a pH 6,0, a 25 - 30 °C durante 13 dias. Dasgupta (1986) também observou que *C. capsici* produzia uma toxina em meio de Frie que afectava o alongamento das raízes das sementes de arroz germinadas e produzia sintomas típicos de antracnose na videira de bétel numa diluição de quatro vezes da toxina.

2. 10. 2. Actividades herbicidas das fitotoxinas

Boyetchko (1999) afirmou que os compostos derivados de micróbios podem ser utilizados quer como modelos para novos herbicidas químicos sintéticos, quer como agentes patogénicos aplicados diretamente às infestantes visadas. A utilização de compostos de origem microbiana no controlo biológico de infestantes pode representar uma alternativa promissora à utilização de produtos químicos. Amusa e Ikotun (1995) referiram que os metabolitos tóxicos de *Colletotrichum graminicola* e *C. gloeosporioides* induziram lesões necróticas em 14 espécies diferentes de infestantes encontradas associadas à plantação de inhame na floresta húmida da Nigéria Ocidental. Os caules das ervas daninhas de folha larga pulverizadas com os metabolitos tóxicos tornaram-se flácidos, murchos e estragados no espaço de 24 horas após o tratamento. Os rebentos das ervas daninhas monocotiledóneas *Cypenus esculentus, Eleusine indica, Penisetum polystachion, Paspalum orbiculare, Andropogon tectarum* e *Andropogon gayanus* murcharam com as suas folhas caídas para baixo 12 h após o tratamento, que mais tarde se tornaram estragadas 24 h após o tratamento. O relatório acima referido também concorda com o relatório de Walker e Templeton (1978) sobre metabolitos tóxicos de *Colletotrichum gloeospoioroides* f. sp. *aeschynomenes* em *Aeschynomene virginia* e também tem um efeito herbicida em *Striga* spp. especialmente quando aplicado em pós-emergência (Kroschel e Elzein, 2003). Recentemente, a toxina LT foi isolada e purificada a partir dos filtrados de cultura de *L. theobromae*, um potencial micoherbicida para *Parthenium hysterophorous* (Rajasekharan *et al.*, 2001).

2. 10. 4. Extração de fitotoxinas

C. dematium produz fitotoxinas em lesões de antracnose de folhas de amoreira *in vitro* com vários meios sólidos ou líquidos, foram extraídas com acetona e *em* lesões necróticas castanhas in *planta* em folhas de amoreira susceptíveis quando foram colocadas (10 µl) de toxina na superfície adaxial ferida (Yoshida *et al.*, 2000). Alleyne e Garro (2008) relataram que uma fitotoxina de 40 kDa foi extraída do *C. gloeosporioides* que infectava o inhame. Amusa (1998) referiu que o *C. gloeosporioides* f. sp. *manihotis*, o agente causal da antracnose da mandioca, produz metabolitos tóxicos em culturas cultivadas em caldo de batata dextrose e os sintomas induzidos pelos metabolitos tóxicos são semelhantes aos induzidos pelos agentes patogénicos. O isolamento de *C. gloeosporioides* e a extração de um novo fungo endofítico produtor de taxol das folhas de uma planta medicinal, *Justicia gendarussa*, foram efectuados por Gangadevi e Muthumari (2008). Yuan wang *et al.* (2009) comunicaram que a extração de Elsinochrome (ESC), uma fitotoxina activada pela luz e não selectiva para o hospedeiro, por muitos membros do género *Elsinoe* spp. cultivados em ágar dextrose de batata em 72 horas de plena luz.

2. 10. 5. Purificação parcial de fitotoxinas

Vários trabalhadores relataram a produção, purificação e caraterização da toxina produzida por muitas espécies de *Colletotrichum*. Goodman (1960) estudou a natureza química da toxina purificada produzida por *Colletotrichum fuscum* e verificou que continha fracções de polissacarídeos e péptidos, tendo-lhe dado o nome de colletotina. Amusa (1994) purificou parcialmente os metabolitos de *C. graminicola*, *Colletotrichum truncatum* e *Colletotrichum lindemutianum* e verificou que induziam lesões necróticas de vários tamanhos em folhas e caules de hospedeiros susceptíveis, bem como inibiam a germinação de sementes nas respectivas culturas hospedeiras. Bem *et al.* (2013) relataram os estudos preliminares sobre a produção e purificação parcial de toxinas produzidas pelo agente patogénico *C. gloeosporioides,* associado à doença do alcatrão negro do inhame.

2. 10. 6. Cromatografia de fitotoxinas produzidas por agentes patogénicos fúngicos

Os estudos espectrofotométricos da toxina extraída dos tecidos internodais produziram picos semelhantes aos da toxina semi-purificada isolada do filtrado da cultura fúngica (Ramesh Sundar *et al.,* 1999). Os estudos cromatográficos e outros estudos químicos revelaram a presença de acetil-colletotrichina, um terpenóide fitotóxico ($C_{28}H_{42}O_7$) e um álcool biologicamente inativo ($C_{14}H_{20}O_6$) nos produtos metabólicos de *C. capsici* (Grove *et al.,* 1966). As fórmulas moleculares de três substâncias tóxicas de *Colletotrichum nicotianae* foram determinadas como $C_{28}H_{42}O_7$, $C_{29}H_{12}O_8$ e $C_{29}H_{42}O_8$ (colletotrichin, colletotrichins B e C, respetivamente) por cromatografia de camada fina, espetrometria de massa e análise cristalográfica de raios X (Gohbara *et al.,* 1978). Ballio *et al.* (1969) registaram a produção abundante de ácido licomarásmico (aspergilomarasmina B) por *C. gloeosporioides*. A toxina produzida por *C. lagenarium* foi caracterizada como 2-piruvoil aminobenzamida (Kimura *et al.,* 1973). Estudos de cromatografia líquida de alta pressão da toxina produzida por *C. dematium* mostraram a presença de quatro fracções tóxicas no extrato obtido a partir de lesões de antracnose (Yoshida *et al.,* 2000). Bungihan *et al.* (2013) isolaram um novo macrólido, o colletotriolídeo, do fungo endofítico *Colletotrichum* sp. que infeta *Pandanus amaryllifolius* através de uma série de técnicas cromatográficas. A sua estrutura foi determinada com base em HR-MS, 1D e 2D NMR. Foi comunicada a identificação estrutural das substâncias tóxicas teobróxido, ácido jasmónico e mullein (5R) e (5S) 5-hidroxilasiodiplodinas e 5-oxolasiodiplodina dos filtrados de cultura do fungo *L. theobromae* IFO 31058 através de experiências de ^{1}H-NMR, ^{13}C-NMR, DEPT, 2D-NMR e NOE (Matsuura *et al.*, 1999). A análise por HPLC do ácido fusárico, do ácido 10-11 desidrofusárico e dos seus ésteres metílicos revelou metabolitos tóxicos produzidos por espécies *de Fusarium* patogénicas para as ervas daninhas (Amalfitano *et al.*, 2002). Para purificar e isolar extensivamente a victorina C de filtrados de cultura de *Cochliobolus victoriae*, a HPLC de fase inversa foi utilizada eficazmente por Walton e Earle (1984). Estudos de cromatografia líquida em fase gasosa da toxina *de Rhizoctonia solani* revelaram que continha 85% de α-glucose, 6% de manose, 6% de N-acetilglucosamina e 3% de N-acetilgalactosamina (Vidhyasekaran *et al.*, 1997a). Bem *et al.* (2013) relataram que a toxina produzida pelo agente patogénico *C. gloeosporioides* é uma glicoproteína e foi detectada através de cromatografia em camada fina análise.

CAPÍTULO 3

MATERIAIS E MÉTODOS

Foram realizados estudos sobre os caracteres morfométricos e culturais e sobre a produção e o papel das toxinas relacionadas com a patogénese dos agentes patogénicos fúngicos *Colletotrichum gloeosporioides* e *Lasiodiplodia theobromae* no Departamento de Fitopatologia, Universidade Agrícola de Tamil Nadu, Coimbatore. Os pormenores dos materiais utilizados e a metodologia seguida durante as presentes investigações são descritos neste capítulo.

3. 1. Recolha dos agentes patogénicos

Isolados patogénicos dos principais agentes patogénicos pós-colheita da manga, *nomeadamente C. gloeosporioides* e *L. theobromae*, recolhidos em várias partes de Tamil Nadu (quadros 1 e 2). Os agentes patogénicos foram subcultivados através da transferência de um disco micelial de nove mm do agente patogénico para placas de Petri contendo meio de batata dextrose-ágar (PDA), utilizando uma broca de cortiça esterilizada, e as placas foram incubadas a 28 ± 2 °C para o crescimento fúngico. As culturas foram purificadas pela técnica de isolamento de um único esporo (Ricker e Ricker, 1936) e as culturas puras foram mantidas em placas de PDA para estudos posteriores.

24

Tabela 1. Isolados de *C. gloeosporioides* utilizados no estudo

Isolate	Place of collection	Districts	Variety	Parts
Cg 1 (CNL)	Cumbum	Theni	Neelum	Leaf
Cg 2 (ARAF)	Aranthangi	Pudukkottai	Alphonsa	Fruit
Cg 3 (KKNL)	Kanyakumari	Kanyakumari	Neelum	Leaf
Cg 4 (KKBPF)	Kanyakumari	Kanyakumari	Banganapalli	Fruit
Cg 5 (CBPL)	Cumbum	Theni	Banganapalli	Leaf
Cg 6 (CBLF)	Cumbum	Theni	Banglora	Fruit
Cg 7 (CBLL)	Cumbum	Theni	Banglora	Leaf
Cg 8 (PKML)	Periyakulam	Theni	PKM 1	Leaf
Cg 9 (KKNF)	Kanyakumari	Kanyakumari	Neelum	Fruit
Cg 10 (BONL)	Bodi	Theni	Neelum	Leaf
Cg 11 (PKMF)	Periyakulam	Theni	PKM 1	Fruit
Cg 12 (CBPF)	Cumbum	Theni	Banganapalli	Fruit
Cg 13 (CNF)	Cumbum	Theni	Neelum	Fruit
Cg 14 (KRBPL)	Krishnagiri	Krishnagiri	Banganapalli	Leaf
Cg 15 (CBE-1)	Coimbatore	Coimbatore	Alphonsa	Leaf
Cg 16 (CBE-2)	Coimbatore	Coimbatore	Alphonsa	Fruit
Cg 17 (AKTY)	Anaikatty	Coimbatore	Neelum	Leaf
Cg 18 (KRBPF)	Krishnagiri	Krishnagiri	Banganapalli	Fruit
Cg 19 (KKBLF)	Kanyakumari	Kanyakumari	Banglora	Fruit
Cg 20 (BONF)	Bodi	Theni	Neelum	Fruit

Tabela 2. Isolados de _L. theobromae_ utilizados no estudo

Isolate	Place of collection	Districts	Variety	Parts
_Lt_1(CNF)	Cumbum	Theni	Neelum	Fruit
_Lt_ 2(CNT)	Cumbum	Theni	Neelum	Twigs
_Lt_ 3(PKMT)	Periyakulam	Theni	Neelum	Twigs
_Lt_ 4(CBF)	Cumbum	Theni	Bangalora	Fruit
_Lt_ 5(DPBLF)	Dharmapuri	Dharmapuri	Bangalora	Fruit
_Lt_ 6(PKMF)	Periyakulam	Periyakulam	PKM 1	Fruit
_Lt_ 7(KKBLF)	Kanyakumari	Kanyakumari	Bangalora	Fruit
_Lt_ 8(KRBLF)	Krishnagiri	Krishnagiri	Bangalora	Fruit
_Lt_ 9(CBEAL)	Coimbatore	Coimbatore	Alphonso	Fruit
_Lt_ 10(KRBLF)	Krishnagiri	Krishnagiri	Bangalora	Fruit
_Lt_ 11(KKNF)	Kanyakumari	Kanyakumari	Neelum	Fruit
_Lt_ 12(KRBPF)	Krishnagiri	Krishnagiri	Banganapalli	Fruit
_Lt_ 13(KKBPF)	Kanyakumari	Kanyakumari	Banganapalli	Fruit
_Lt_ 14 (KKNT)	Kanyakumari	Kanyakumari	Neelum	Twigs
_Lt_ 15(BONF)	Bodi	Theni	Neelum	Fruit
_Lt_ 16(CBENF)	Coimbatore	Coimbatore	Neelum	Fruit

3. 2. Confirmação dos agentes patogénicos

O agente patogénico foi confirmado com base nos seus caracteres culturais e morfológicos. Um pouco de micélio foi retirado da cultura cultivada em placas de ágar batata dextrose numa lâmina de vidro e observado com um analisador de imagens com ampliações de 10, 40 e 100 X. Após a confirmação dos caracteres miceliais e dos esporos, as culturas foram purificadas através da técnica de isolamento de um único esporo (Ricker e Ricker, 1936).

3. 2. 1. Teste de patogenicidade

A patogenicidade do agente patogénico da antracnose da manga, _C._

gloeosporioides, e do agente patogénico da podridão da extremidade do caule, *L. theobromae*, foi comprovada pelos postulados de Koch em frutos de manga totalmente maduros da variedade Neelum . Os frutos foram lavados cuidadosamente com água corrente da torneira, secos com um pano e esterilizados à superfície com etanol a 70%. Os frutos foram feridos com uma agulha esterilizada e pulverizados com uma suspensão de esporos (5×10^{-5} esporos/ml) de *C. gloeosporioides* e *L. theobromae*, respetivamente, e cobertos com uma fina camada de algodão húmido esterilizado. Os frutos inoculados foram então colocados em coberturas de polietileno para manter a humidade e incubados à temperatura ambiente (28 ± 2 °C) até que os frutos apresentassem sintomas típicos de antracnose e de podridão da extremidade do caule. A incidência da doença foi avaliada utilizando uma tabela normalizada [Placa 1a e 1b]. O fungo foi reisolado dos frutos infectados e o agente patogénico foi confirmado como *C. gloeosporioides* e *L. theobromae*.

3. 3. Caracteres morfológicos e culturais dos isolados

A fim de estudar os caracteres morfológicos dos isolados de *C. gloeosporioides* e *L. theobromae*, as culturas foram cultivadas em meio PDA e incubadas à temperatura ambiente (28 ± 2 °C). Observações como a cor da colónia, a topografia, a pigmentação, a zonação, a margem, os dias necessários para cobrir a placa de Petri e a esporulação foram registadas para cada isolado.

3. 4. Caraterísticas de crescimento dos agentes patogénicos em meios sólidos

Foram registados os caracteres de crescimento dos agentes patogénicos *C. gloeosporioides* e *L. theobromae* em diferentes meios. A composição e as preparações dos diferentes meios foram obtidas de "Ainsworth and Bisby's Dictionary of the Fungi" de Ainsworth (1971) e de Plant Pathological Methods, Fungi and Bacteria de Tuite (1969). Foram utilizados os diferentes meios sólidos, como ágar dextrose de batata, ágar de farinha de aveia, ágar-água, ágar Dox de Czapek, ágar rosa de Bengala de Martin, ágar de Walksmann, ágar de cenoura de batata, ágar de sumo de V8, extrato de levedura de manitol, ágar de sacarose de batata, ágar de farinha de milho e ágar de sacarose de batata.

3. 5. Caracterização molecular de isolados de *C. gloeosporioides* e *L. theobromae*

3. 5. 1. Isolamento do ADN fúngico pelo método do brometo de cetiltrimetilamónio (CTAB)

O ADN genómico foi extraído da cultura em suspensão de *C. gloeosporioides* e *L. theobromae* pelo método do brometo de cetil trimetil amónio (CTAB), tal como descrito por Knapp e Chandlee (1996). Os isolados de *C. gloeosporioides* e *L. theobromae* mantidos em lâminas de PDA foram transferidos para frascos cónicos de 250 ml contendo 200 ml de caldo de dextrose de batata e incubados à temperatura ambiente durante sete dias. Após o crescimento completo, os isolados individuais de micélio de *C. gloeosporioides* e *L. theobromae* foram colhidos por filtração em papel de filtro esterilizado e utilizados para extração de ADN.

Para extrair o ADN, 1 g de micélio de cada isolado de *C. gloeosporioides* e *L. theobromae* foi triturado em pó fino em azoto líquido e incubado em 5 ml de tampão de extração CTAB a 2 % [10 mM trisbase (pH 8.0), EDTA 20 mM (pH 8,0), NaCl 1,4 M, CTAB (2 %), mercaptoetanol (0,1 %) e PVP (0,2 %)] a 65 °C durante 1 h. A suspensão foi adicionada a igual volume de uma mistura de fenol-clorofórmio-álcool isoamílico (25:24:1). Foi agitada em vórtice para misturar as duas fases, seguida de uma centrifugação a 12 000 rpm durante 5 minutos. O sobrenadante foi transferido para um tubo limpo e misturado com igual volume de isopropanol gelado. Incubou-se a 25 °C para a precipitação do ADN. O precipitado foi recolhido por centrifugação e o sedimento foi lavado com acetato de amónio 0,1 M em etanol a 70 % e novamente incubado durante 15 minutos. O sedimento foi ressuspendido em tampão TE (10 mM Tris, 1 mM EDTA, pH 8,0) e a concentração de ADN foi estimada espectrofotometricamente. O ADN isolado foi armazenado a -70 °C para estudos posteriores.

3. 5.2 Deteção da região ITS universal específica do género de *C. gloeosporioides* e *L. theobromae*

Para confirmar os isolados como *C. gloeosporioides* e *L. theobromae*, foram utilizados primers específicos de 18S rDNA ITS 1 - 5' - TCC GTA GGT GAA CCT GCG G - 3' e ITS 4 - 5' - TCC TCC GCT TAT TGA TAT GC - 3' para obter um amplicon de 550 pb e 560 pb da região ITS. A amplificação foi efectuada num volume total de reação de 25 µl. As configurações de PCR utilizadas foram as seguintes: uma desnaturação inicial a 94 °C durante 5 minutos, levando a 45 ciclos de desnaturação a 94 °C durante 1 minuto, recozimento a 37 °C durante 1 minuto, síntese a 72 °C durante 2 minutos, seguida de uma extensão final durante 10 minutos a 72 °C. Após a reação, foram utilizados 10 µl de reação para realizar a eletroforese em gel de agarose (gel de 1,5 %) a 80 V de corrente e, em seguida, a imagem foi documentada utilizando o AlphaImager.

3. 6. Estudos de toxinas

3. 6. 1. Padronização de caldo líquido para a produção de toxinas de *C. gloeosporioides* e *L. theobromae*

Para estudar o efeito de diferentes caldos no crescimento máximo do agente patogénico, foram utilizados o caldo Czapek's dox (CDB), o caldo Czapek's yeast (CYB), o caldo Yeast extract sucrose (YESB), o caldo Peptone yeast extract (PYEB), o caldo Potato dextrose (PDB) e o caldo Richard's (RB). As composições dos meios acima referidos são apresentadas no anexo I. Os caldos esterilizados foram inoculados com 1 ml de suspensões de esporos de *C. gloeosporioides* e *L. theobromae* (5×10^{-5} esporos/ml). Separadamente, foram incubados à temperatura ambiente (28 ± 2 ^{0}C) durante cinco dias para *C. gloeosporioides* e três dias para *L. theobromae* e depois colocados num agitador rotativo a 150 rpm durante 15 dias. Posteriormente, as culturas inoculadas *de C. gloeosporioides* e *L. theobromae* foram reunidas e homogeneizadas separadamente num misturador e filtradas em papel de filtro Whatman n.º 1.

O filtrado da cultura foi concentrado por evaporador rotativo em frasco de vácuo e o filtrado da cultura concentrado foi utilizado como fonte de toxina patogénica.

3. 6. 1. 1. Bioensaio de diferentes filtrados de cultura com folhas de manga para padronização

Foram colhidas amostras de folhas de mangueira saudáveis da variedade Neelum e esterilizadas à superfície com etanol a 70%. As folhas foram perfuradas com agulhas estéreis imediatamente antes da inoculação de filtrados de cultura com *C. gloeosporioides* e *L. theobromae* cultivados em caldo Czapek's dox (CDB), caldo Czapek's yeast (CYB), caldo de extrato de levedura e sacarose (YESB), caldo de extrato de levedura peptona (PYEB), caldo de batata dextrose (PDB) e caldo Richard's (RB). Os filtrados das culturas foram dissolvidos numa quantidade conhecida de água desionizada para obter várias concentrações de filtrados, *a saber,* 0,1, 0,25, 0,5, 0,75 e 1,0 por cento. Um volume de 50 µl de amostras brutas e diluídas em cada concentração foi colocado na superfície perfurada do fragmento de folha. Cada tratamento foi repetido três vezes e foi mantido um controlo para cada caldo seletivo sem o agente patogénico e com água desionizada estéril. As folhas inoculadas foram mantidas em câmara úmida a 28 ^{0}C e observadas em intervalos de 24, 48, 72 e 96 h após a inoculação para a expressão dos sintomas.

A reação das folhas a diferentes concentrações de filtrado de cultura foi classificada conforme descrito por Venkataravanappa *et al.* (2007).

Tabela de notas

Grau Diâmetro da lesão necrótica

\-   Sem lesão

(+)   Menos de 5 mm

+   5 a 7 mm

+ +   7 a 10 mm

+ + + + Mais de 10 mm

A experiência acima foi efectuada com quatro réplicas e repetida quatro vezes para confirmar os resultados anteriores.

3. 6. 2. Efeito de filtrados de cultura padronizados em várias plantas hospedeiras

3. 6. 2. 1. Bioensaio de filtrados de cultura padronizados com folhas de manga

Os filtrados de cultura padronizados contendo metabolitos de *C. gloeosporioides* e *L. theobromae* em caldo de sacarose de extrato de levedura (YESB) e caldo de dextrose de batata (PDB), respetivamente, foram diluídos, *a saber,* 1:0, 1:1, 1:2,5, 1:5, 1:7,5 e 1:10 com água ionizada estéril. Também foram recolhidas amostras de folhas de manga saudáveis da variedade Neelum e esterilizadas à superfície com etanol a 70%. As folhas foram perfuradas com agulhas estéreis e inoculadas com 50 µl de amostras brutas e diluídas em cada concentração, colocadas na superfície perfurada do fragmento de folha. Cada tratamento foi repetido três vezes e o controlo foi mantido com caldos selectivos não inoculados e água desionizada estéril. As folhas inoculadas foram mantidas em câmara úmida a 28 ^{0}C - e observadas em intervalos de 24, 48, 72 e 96 h após a inoculação para a expressão dos sintomas. A reação das folhas a diferentes concentrações de filtrado de cultura foi graduada.

3. 6. 2. 2. bioensaio de filtrados de cultura normalizados com várias plantas não hospedeiras

Os filtrados de cultura padronizados contendo os metabolitos de *C. gloeosporioides* e *L. theobromae* em caldo de sacarose de extrato de levedura (YESB) e caldo de dextrose de batata (PDB), respetivamente, foram diluídos, *a saber,* 1:0, 1:1, 1:2,5, 1:5, 1:7,5 e 1:10, utilizando água desionizada estéril. Foram selecionadas plântulas de tomate (25 dias de idade), plântulas de malagueta (30 dias de idade), plântulas de tabaco (30 dias de idade) e plantas saudáveis de tamanho uniforme de *Boerhaavia diffusa, Euphorbia geniculata, Euphorbia hirta, Parthenium hysterophorus, Phylanthus niruri* e *Tridax procumbens*, que foram colocadas em tubos de ensaio contendo 30 ml de filtrados de cultura brutos e nas concentrações necessárias. Teve-se o cuidado de imergir todo o sistema radicular no filtrado. Cada tratamento foi repetido três vezes e o controlo foi mantido com caldos selectivos não inoculados e água desionizada estéril. Depois, a reação das plantas não hospedeiras a diferentes concentrações de filtrados de culturas foi observada após a incubação (Venkataravanappa *et al.*, 2007).

3. 6. 2. 3. Bioensaio de filtrados de cultura padronizados em sementes de cereais

Foram recolhidas amostras de sementes saudáveis de milho, sorgo e arroz, de tamanho uniforme, que foram esterilizadas à superfície com etanol a 70%. As sementes foram embebidas com filtrados de cultura de *C. gloeosporioides* e *L. theobromae* em várias diluições (bruto, 1:1, 1:2,5, 1:5, 1:7,5 e 1:10) durante 6 horas. Os caldos selectivos não inoculados e a água esterilizada desionizada serviram de controlo. Foram mantidas três réplicas e as sementes inoculadas foram mantidas numa câmara húmida a 28 °C e observada a percentagem de germinação das sementes em intervalos diários. A percentagem de germinação das sementes foi calculada utilizando uma fórmula.

Percentagem de germinação das sementes = (N.º de sementes germinadas / N.º de sementes mergulhadas) × 100

Além disso, o comprimento da raiz e o comprimento do rebento foram registados em cada tratamento e o índice de vigor das plântulas foi calculado utilizando uma fórmula.

Índice de vigor das plântulas = (comprimento do rebento + comprimento da raiz) × percentagem de germinação.

3. 6. 3. Extração *in vitro* da toxina bruta de *C. gloeosporioides* e *L. theobromae*

Discos miceliais de oito mm de culturas frescas de *C. gloeosporioides* e *L. theobromae* foram transferidos assepticamente para placas de Petri contendo 0,1 g de meio PDA alterado com complexo de vitamina B e as placas foram incubadas à temperatura ambiente (28 ± 2 0C) até 5 dias para *C. gloeosporioides* e 3 dias para *L. theobromae*, respetivamente. Após os períodos de incubação, as placas foram mantidas sob luz UV para esporulação e os esporos foram observados num microscópio composto de 40X. A suspensão de esporos foi ajustada para uma concentração de 5 × 10^{-5} esporos/ml utilizando água esterilizada desionizada. A suspensão de esporos (1 ml) foi inoculada em frascos de Erlenmeyer de 250 ml contendo 100 ml de caldo de sacarose com extrato de levedura para *C. gloeosporioides* e 100 ml de caldo de dextrose de batata para *L. theobromae*, em que a fonte de carbono para os caldos foi substituída por extrato do hospedeiro (polpa de manga), de modo a que 100 ml do meio contivessem extrato de 30 g de polpa de manga amadurecida preparada por homogeneização e filtração. Em seguida, o pH do caldo de extrato de levedura e sacarose foi mantido a 7,0 para o crescimento de *C. gloeosporioides* e o caldo de batata e dextrose foi reduzido para 5,6 utilizando HCl para o crescimento de *L. theobromae*. Três repetições foram mantidas e incubadas à temperatura ambiente (28 ± 2 ^{0}C) durante 7 dias e 150 rpm a 40 0C num agitador rotativo até 15 dias para *C. gloeosporioides* e 12 dias para *L. theobromae*. Após o período de incubação num agitador rotativo, os tapetes miceliais foram eliminados e os filtrados de cultura de *C. gloeosporioides* e *L. theobromae* foram agrupados separadamente e filtrados através de um pano de queijo seguido de papel de filtro Whatman n.º 1, homogeneizados num vórtex (para remover materiais extracelulares) e centrifugados a 5000 rpm durante 5 min a 4 0C. O pellet foi descartado e o sobrenadante contendo toxinas de *C. gloeosporioides* e *L. theobromae* foi recolhido e utilizado para a fração de solvente.

3. 6. 4. Fracionamento da toxina bruta por extração com solventes

3. 6. 4. 1. *C. gloeosporioides*

O componente fitotóxico do sobrenadante livre de células de *C. gloeosporioides* foi extraído pelo método descrito por Bem *et al.,* (2013). O pH do sobrenadante foi ajustado para 4 com HCl. A fase aquosa foi misturada com igual volume de acetato de etilo e agitada durante alguns minutos. A fase solvente foi separada e a fase aquosa foi novamente misturada com acetato de etilo e agitada durante alguns minutos e a fase solvente isolada foi recolhida e agrupada. Este processo foi repetido três vezes e a fase solvente recolhida foi concentrada por evaporação num evaporador instantâneo de vácuo rotativo a 100 rpm a 40 0C. O concentrado assim recolhido foi mantido durante a noite para secagem em placas de Petri esterilizadas. A forma de pó seco ao ar do extrato concentrado serviu como toxina bruta.

3. 6. 4. 2. *L. theobromae*

A toxina bruta *de L. theobromae* foi extraída pelo método descrito por Rajasekharan *et al.*, (2001). O pH dos sobrenadantes das culturas sem células foi ajustado para 2,5 com HCl. A fase aquosa foi extraída sucessivamente com hexano (300 ml), clorofórmio (300 ml) e metanol aquoso a 60% (v/v) (300 ml). Este processo foi repetido três vezes e a recolha da toxina bruta foi efectuada de acordo com o protocolo acima mencionado.

3. 6. 5. Ensaio de toxicidade em plantas

O ensaio de toxicidade da toxina bruta foi efectuado na manga através do ensaio de folhas destacadas e na casca do fruto da manga, tal como descrito por Jayasankar e Litz (1998).

3. 6. 5. 1. Ensaio da toxina bruta com folhas de manga.

Foram colhidas amostras de folhas saudáveis de manga (var. Neelum) e esterilizadas à superfície com etanol a 70%. As folhas foram perfuradas com agulhas estéreis imediatamente antes da inoculação de toxinas brutas *de C. gloeosporioides* e *L. theobromae* dissolvidas com água desionizada estéril em várias diluições *viz.,* 0,1, 0,25, 0,5, 0,75 e 1,0 por cento. A água esterilizada desionizada serviu de controlo. As folhas inoculadas foram mantidas em uma câmara úmida a 28 ^{0}C e observadas em intervalos de 24, 48, 72 e 96 h após a inoculação para a expressão dos sintomas. As experiências foram efectuadas com três réplicas e repetidas quatro vezes para confirmar os resultados.

A reação das folhas a diferentes concentrações de filtrado de cultura foi classificada conforme descrito por Venkataravanappa *et al.* (2007).

3. 6. 5. 2. doseamento da toxina bruta em frutos de manga.

Foram colhidas amostras de mangas verdes maduras (var. Neelum) de tamanho uniforme e esterilizadas à superfície com etanol a 70%. Os frutos foram perfurados com agulhas estéreis imediatamente antes da inoculação das toxinas brutas *de C. gloeosporioides* e *L. theobromae* com água desionizada estéril em várias diluições, *a saber,* 1:1, 1:2,5, 1:5 e 1:10. A água esterilizada desionizada serviu de controlo. Foram mantidas três repetições e os frutos inoculados foram mantidos numa câmara húmida a 28 OC e observados a 24, 48, 72, 96 e 120 h após a inoculação dos frutos para a expressão dos sintomas. Os frutos foram classificados quanto à incidência da doença com base na tabela anterior.

3. 6. 6. Deteção de toxinas por cromatografia em camada fina (TLC)

3. 6. 6. 1. Diluição da toxina bruta com diferentes solventes

As toxinas brutas de *C. gloeosporioides* e *L. theobromae* foram dissolvidas com vários solventes para solubilidade e os compostos foram detectados através de cromatografia em camada fina. As toxinas brutas foram dissolvidas separadamente (v/v) com acetona, acetonitrilo, benzeno, clorofórmio, sulfóxido de metilo, éter etílico, etanol amina, etil amina, cloro etano, etilenoglicol, acetato de etilo, ácido acético glacial, hexano, metanol, éter de petróleo, etanol, propano 2 ol, álcool n-butílico, tolueno e glicerina.

3. 6. 6. 2. Padronização dos solventes da fase móvel

As toxinas solúveis foram submetidas a TLC em gel de sílica revestido (Merck, Silica gel 60 F254, Alemanha) utilizando vários sistemas de solventes [v/v] Clorofórmio: ácido acético glacial: etanol (3:1:1), Butanol: água: ácido acético glacial (5:3:2), Clorofórmio: acetato de etilo: etanol (3:1:1), Éter de petróleo: ácido acético glacial: etanol (1:1:1), Benzeno: ácido acético glacial: acetato de etilo (9:1:1) e

Benzeno: ácido acético glacial: etanol (1:1:3), respetivamente.

3. 6. 6. 3. Separação do composto

A produção de toxinas por isolados virulentos de *C. gloeosporioides* e *L. theobromae* foi determinada através da análise dos resíduos oleosos concentrados em placas TLC. Foram utilizados como referência metanol puro de grau HPLC (Sisco) e di-metil-sulfóxido (DMSO). Os extractos brutos de cada um dos isolados de *C. gloeosporioides* e *L. theobromae* foram dissolvidos separadamente em metanol e DMSO (1:10) e colocados em placas de TLC revestidas com gel de sílica (Merck, Silica gel 60 F254, Alemanha) e colocadas em tanques contendo solventes de clorofórmio: ácido acético glacial: etanol (3:1:1) para *C. gloeosporioides* e Butanol: água: ácido acético glacial (5:3:2) para *L. theobromae*. Os sistemas de solventes foram vertidos em tanques TLC com cerca de 0,5 cm imersos no solvente no fundo. As cubas foram fechadas com uma tampa de vidro, de modo a que a câmara ficasse completamente cheia com o vapor do solvente. Em 30 minutos, o solvente atinge a extremidade das placas de TLC. Em seguida, as placas foram retiradas da cuba e mantidas ao ar livre, à temperatura ambiente, para permitir a evaporação do solvente

e deixar os componentes tóxicos separados de *C. gloeosporioides* e *L. theobromae* para análise posterior.

3. 6. 6. 4. Identificação do composto por TLC

a) Observação visual

As placas de TLC desenvolvidas foram secas ao ar durante a noite para remover os solventes restantes e observadas num transiluminador UV com um comprimento de onda de 250 nm e 330 nm.

O fator de retenção (valor Rf) é determinado pelo método descrito por Bem *et al.*, (2013).

Distância percorrida pelo composto a partir da origem

Valor Rf = --

Distância percorrida pelo solvente a partir da origem

b) Índice de iodo

As placas de TLC foram colocadas no tanque contendo 5 g de grânulos de iodo durante 5 minutos e observadas sob condições normais de luz. O fator de retenção (valor Rf) é calculado.

3. 6. 7. Estudos de cromatografia gasosa e espetrometria de massa (GC/MS)

3. 6. 7. 1. Isolamento dos compostos identificados

As placas foram carregadas com um volume conhecido das fracções biologicamente activas. Depois de correr as toxinas de *C. gloeosporioides* e *L. theobromae* em sistemas de solventes de placas TLC, as placas foram deixadas a secar e as bandas foram eluídas da placa separadamente, removendo o gel de sílica por dissolução em tubos de ensaio de 5 ml de DMSO. Após agitação durante um minuto, o gel de sílica juntamente com o DMSO foi centrifugado e separado e seco por evaporação centrífuga sob vácuo a 40 ^{0}C. Após secagem completa, adicionou-se novamente 1 ml de DMSO de grau HPLC em três concentrações diferentes: 5ppb, 1ppm e 10ppm.

3. 6. 7. 2. Análise

Os compostos isolados das toxinas de *C. gloeosporioides* e *L. theobromae* foram analisados por GC/MS (Thermo scientific Trace GC Ultra DSQ II) equipado com coluna (30mm × 0,25mm × 0.25µm) nas seguintes condições gás de arrastamento como hélio com caudal de 1 ml por minuto e injeção de 1 µl de amostra com pré-injeção de solvente pelo método AI/AS 3000; injeção em modo split-less com 30 seg. de amostragem tempo; a temperatura da coluna mantida inicialmente a 110 ^{0}C à taxa crescente de 10 0(7min sem espera foi seguida de aumento até 200 0C e mantida à mesma temperatura durante 8 minutos de espera; a energia de impacto de electrões foi de 70eV, a temperatura da linha de Julet foi fixada em 2000 0C e a temperatura da fonte foi fixada em 200 0C. A varredura de massa (m/z) do impacto de electrões (EI) foi registada na gama 45-450 aMU.

O cromatograma total foi obtido para cada amostra de *C. gloeosporioides* e *L. theobromae*. O pico de base de cada espetro foi comparado com o pico de base dos componentes químicos na biblioteca de dados MS do NIST Ver.2005 através da comparação em linha do espetro obtido por GC/MS. Os compostos presentes na amostra de toxinas em bruto foram identificados.

3. 7. Análise estatística

Os dados foram analisados estatisticamente utilizando o IRRISTAT desenvolvido pela unidade de Biometria do Instituto Internacional de Investigação do Arroz, nas Filipinas (Gomez e Gomez, 1984). Antes da análise estatística de variância (ANOVA), os valores percentuais do índice de doença foram transformados em arco-seno. Os dados foram submetidos a uma análise de variância (ANOVA) a dois níveis significativos ($P< 0,05$ e $P< 0,01$) e as médias foram comparadas pelo teste de Duncan de intervalos múltiplos (DMRT).

CAPÍTULO 4

RESULTADOS

A presente investigação foi levada a cabo para estudar as variações morfológicas, culturais, morfológicas e toxicológicas dos agentes patogénicos da antracnose e da podridão da extremidade do caule na manga. Foram efectuadas avaliações *in vitro* para conhecer a presença de compostos tóxicos naturais nos principais agentes patogénicos pós-colheita da manga. Realizaram-se bioensaios de toxinas produzidas por *Colletotrichum gloeosporioides* e *Lasiodiplodia theobromae* em folhas e frutos de manga, em algumas plantas não hospedeiras e em sementes, para comprovar a natureza não selectiva da toxina. A identificação e a discriminação *in silico* das toxinas produzidas por *C. gloeosporioides* e *L. theobromae* foram realizadas em cromatografia gasosa/espetrómetro de massa. Os resultados das experiências são resumidos a seguir.

4. 1. Sintomas da antracnose e da podridão da extremidade do caule

Os sintomas da antracnose encontram-se normalmente nas folhas, panículas e frutos das árvores. Nas folhas, as lesões começam por ser pequenas manchas angulares, castanhas a pretas, que podem aumentar até formar extensas áreas mortas. As lesões podem cair das folhas durante o tempo seco. Os primeiros sintomas nas panículas são pequenas manchas pretas ou castanhas-escuras, que podem aumentar, coalescer e matar as flores antes da produção dos frutos, reduzindo assim grandemente a produção. Os pecíolos, os ramos e os caules também são susceptíveis e desenvolvem as típicas lesões negras e expansivas nos frutos, nas folhas e nas flores. Nos frutos maduros e maduros, os sintomas observáveis são lesões necróticas e afundadas de cor castanha escura. As manchas afundadas continuam a aumentar até a superfície do fruto ficar podre. Em alguns frutos, lesões irregulares pretas de tamanhos variados estão espalhadas por toda a superfície do fruto e, em poucos dias, podem coalescer e dar origem a frutos podres [Placa 2a].

Os sintomas pré-colheita da podridão da extremidade do caule são caracterizados pela secagem dos galhos do topo para baixo, particularmente nas árvores mais velhas, seguida da morte das folhas. Observam-se manchas escuras nos galhos verdes jovens. Observam-se fissuras nos ramos e a goma exsuda das fissuras antes da sua morte. A gomose é mais proeminente durante o inverno, após a estação das chuvas. A infeção nodal abaixo do ponto de crescimento resulta na morte dos galhos em crescimento. Nos frutos maduros e maduros, as lesões pretas com manchas que se estendem desde a extremidade do caule do fruto até à extremidade basal são visíveis. Na fase inicial, o epicarpo escurece à volta da base do pedicelo. Mais tarde, a área afetada aumenta, formando uma mancha circular negra acastanhada que, em atmosfera húmida, se estende rapidamente e torna todo o fruto negro em 2-3 dias. A polpa do fruto doente torna-se castanha e um pouco mais mole. O pedicelo, se presente, torna-se seco [Prato 2a].

4. 2. Recolha e confirmação de agentes patogénicos

Os isolados de *C. gloeosporioides* e *L. theobromae* foram obtidos do Department of Plant Pathology, TNAU, Coimbatore e mantidos em meio de ágar dextrose de batata (PDA). Os agentes patogénicos foram confirmados com base na observação microscópica de caracteres conidiais e miceliais [Placa 2b e 2c].

4. 3. Teste de patogenicidade

O teste de patogenicidade foi realizado *in vitro* em frutos de manga maduros completamente maduros, seguindo o método de "pin prick plus spore suspension". Desenvolveram-se sintomas típicos em todos os frutos de manga inoculados com a suspensão de esporos de *C. gloeosporioides* e *L. theobromae* sete dias após a inoculação. Os frutos de controlo não inoculados não apresentaram quaisquer sintomas. Os postulados de Koch foram cumpridos através do re-isolamento consistente de *C. gloeosporioides* e *L. theobromae* dos frutos inoculados. As inoculações foram repetidas duas vezes e foram obtidos resultados semelhantes [Placa 3a e 3b].

4. 4. Virulência dos isolados de *C. gloeosporioides* e *L. theobromae*

Para estudar a virulência do agente patogénico, os isolados purificados de *C. gloeosporioides* e *L. theobromae* foram inoculados artificialmente nos frutos de manga pelo método de picada de alfinete com suspensão de esporos.

Entre os vinte isolados de *C. gloeosporioides*, o isolado CG 2 foi altamente virulento, pois registou o IDP máximo de 83,33, seguido do CG 11 (58,33). Os isolados CG 5, CG 13, CG 17 e CG 19 foram os menos virulentos (25,00). Por conseguinte, o isolado CG 2 foi utilizado para estudos posteriores [Quadro 1 e 2: Placa 4a].

4. 5. Caracteres morfológicos e culturais dos isolados de *C. gloeosporioides* e *L. theobromae*

Entre os diferentes isolados de *C. gloeosporioides*, os isolados CG1, CG7, CG13 e CG19 produziram micélio de cor branca, os isolados CG 2, CG 4 e CG 12 produziram micélio de cor branca acinzentada, os isolados CG 3, CG 6, CG 8, CG 9, CG 11 e CG 16 produziram micélio de cor cinzenta esbranquiçada, os isolados CG 15, CG 17, CG 18 e CG 20 produziram micélio de cor branca enegrecida, os isolados CG 10 produziram micélio de cor cinzenta, os isolados CG 14 produziram micélio de cor púrpura e os isolados CG 5 produziram micélio de crescimento pulverulento preto. No que diz respeito à topografia, os isolados CG 1, CG 12, CG 13, CG 14 e CG 16 produziram micélio de crescimento plano, CG 2, CG 8, CG 9, CG 11, CG 15, CG 18 e CG 20 produziram micélio de crescimento fofo e elevado, CG 4, CG 5, CG 6 e CG 10 produziram micélio de crescimento médio. Os isolados CG 17 e CG 19 produziram micélio de crescimento plano médio, CG 3 produziu micélio elevado, CG 7 produziu micélio de crescimento plano, ramificado e ornamental. Os isolados CG 7, CG 9, CG 10, CG 14, CG 16 e CG 17 produziram micélio de margem irregular e os isolados CG 1, CG 2, CG 3, CG 4, CG 5, CG 6, CG 8, CG 11, CG 12, CG 13, CG 15, CG 18, CG 19 e CG 20 produziram micélio de margem lisa. Os isolados CG 5, CG 6 e CG 9 produziram zonação concêntrica e os restantes não apresentaram zonação. Os isolados CG 3 e CG 17 produziram pigmentação preta, CG 14 produziu pigmentação de cor dourada e CG 15, CG 18 e CG 20 produziram pigmentação de cor preta escura. Todos os isolados esporularam em PDA e em meio de ágar de farinha de aveia. O isolado CG 2 apresentou boa esporulação, seguido por CG 14, CG 17 e CG 19, quando comparado com outros isolados. Foram observadas variações no tamanho dos conídios em todos os isolados. Entre os isolados, o crescimento do CG 2 foi rápido e cobriu a placa em 10 dias [Tabela 3; Placa 5].

Entre os diferentes isolados de *L. theobromae*, os isolados LT 1, LT 2, LT 6 e LT 10 produziram micélio de cor branco-acinzentado, LT 3, LT 8 e LT 15 produziram micélio de cor preto-acinzentado, LT 13 e LT 14 produziram micélio de cor cinzento-escuro , LT 5 e LT 7 produziram micélio de cor cinzenta, LT 4 e LT 11 produziram micélio de cor branca, LT 9 produziu micélio de cor castanho-acinzentado, LT 12 produziu micélio de cor preta. O LT 16 tinha micélio de cor branco-escuro. A topografia de todos os isolados apresentava crescimento aéreo do micélio. O isolado LT 7 produziu margem irregular, LT 1, LT 2, LT 3, LT 4, LT 5, LT 6, LT 8, LT 9, LT 10, LT 11, LT 12, LT 13, LT 14, LT 15 e LT 16 produziram margem lisa. Os isolados de LT 1 e LT 14 produziram zonação concêntrica e os restantes não apresentaram zonação. Os isolados LT 2, LT 5, LT 6, LT 8, LT 9, LT 10, LT 12, LT 13, LT 14, LT 15 e LT 16 produziram pigmentação preta. Os isolados LT 4 e LT 11 produziram pigmentação preta escura. Os isolados LT 1, LT 3 e LT 7 não produziram pigmentação. O isolado LT 14 apresentou boa esporulação, seguido por LT 4, LT 5, LT 9, LT 11 e LT 16, quando comparado com outros isolados. Foram observadas variações no tamanho dos conídios em todos os isolados. Entre os isolados, o crescimento do LT 14 foi rápido e cobriu a placa em 5 dias [Tabela 4; Placa 6]

4. 6. Crescimento de *C. gloeosporioides* e *L. theobromae* em diferentes meios

4. 6. 1. *C. gloeosporioides*

Todos os seis meios suportaram o crescimento micelial de todos os isolados de *C. gloeosporioides*. O diâmetro médio mais elevado das colónias de *C. gloeosporioides* foi registado em meio PDA (88,77 mm) seguido de ágar de farinha de aveia (86,44 mm). O crescimento micelial mais baixo foi registado em ágar de Walksmann (8,94 mm) [Tabela 5; Placa 7].

4. 6. 2. *L. theobromae*

Todos os sete meios suportaram o crescimento micelial de todos os isolados de *L. theobromae*. O diâmetro médio mais elevado das colónias de *L. theobromae* foi registado no meio PDA (89,38 mm), seguido do ágar sacarose de batata (89,03 mm) e do ágar Czapek Dox (87,17 mm). O crescimento micelial mais baixo foi registado em ágar sumo de V8 (33,76 mm) [Tabela 6; Placa 8].

4. 7. Caracterização molecular de *C. gloeosporioides* e *L. theobromae*

4. 7. 1. Amplificação por PCR da região ITS de *C. gloeosporioides* e *L. theobromae*

O ADN genómico isolado dos isolados dos agentes patogénicos foi sujeito a amplificação por PCR com o par de iniciadores universais ITS-1 e ITS-4. A eletroforese em gel de agarose revelou amplicões de tamanho aproximado de 560 pb para todos os vinte isolados de *C. gloeosporioides* (placa 9). Os pares de iniciadores amplificaram as regiões ITS de todos os dezasseis isolados de *L. theobromae,* gerando amplicões de cerca de 550 pb, como observado na eletroforese em gel de agarose [placa 10].

4. 8. Estudos de toxinas

4. 8. 1. Efeito do filtrado de cultura em várias plantas hospedeiras

4. 8. 1. 1. Bioensaio de filtrados de cultura com folhas de manga

O bioensaio do filtrado de cultura de *C. gloeosporioides* cultivado em seis meios diferentes, *nomeadamente* Caldo Czapek's dox (CDB), Caldo Czapek's yeast (CYB), Caldo Yeast extract sucrose (YEB), Caldo Peptone yeast extract (PYEB), Caldo Potato dextrose (PDB) e Caldo Richard's (RB) em diferentes diluições com filtrado de cultura bruto, o controlo com caldo não inoculado e o controlo com água em folhas de mangueira mostraram que as folhas inoculadas com filtrado de cultura YEB apresentavam sintomas típicos de antracnose com filtrado de cultura bruto e 1:1.0 no grau (++), 1:2.5 no grau (+), e 1:5.0, 1:7.5 e 1:10 no grau ((+)) e não há produção de sintomas no caldo e no controlo com água. Do mesmo modo, os mesmos caldos foram utilizados para o bioensaio de *L. theobromae* em diferentes diluições com filtrado de cultura bruto, controlo de caldo não inoculado e controlo de água em folhas de mangueira, o que demonstrou que as folhas inoculadas com filtrado de cultura PDB exibiram necrose das regiões inoculadas com base no gradiente de concentração e o padrão de necrose foi considerado máximo no filtrado bruto, 1:1.0, 1:2.5, 1:5.0 e 1:7.5 no grau (+++) seguido de 1:10 no grau (++) e não há produção de sintomas no caldo e no controlo de água [Quadro 7; Placa 11a e 11b].

4. 9. 1. 2. Efeito dos filtrados de cultura em várias plantas hospedeiras

4. 9. 1. 2. 1. Bioensaio de filtrados de cultura com várias plantas não hospedeiras

Os filtrados de cultura de *C. gloeosporioides* e *L. theobromae* cultivados em YES e PDB foram utilizados como fontes de toxinas brutas contra várias plantas não hospedeiras em diferentes diluições. As expressões diferenciais de murchidão da atividade fitotóxica nas plantas incubadas foram observadas até 48 horas. Neste ensaio, a murchidão completa de todas as plantas incubadas foi registada em 24 horas em todas as diluições, exceto 1:7,5 e 1:10. Quando comparado com ambas as fontes de toxina, a expressão da murchidão diferencial nas plantas não hospedeiras observou que o filtrado da cultura PDB (*L. theobromae*) causou uma murchidão mais rápida do que YES (*C. gloeosporioides*) e, no caso de várias plantas não hospedeiras, como o tomateiro e a malagueta, são mais susceptíveis às toxinas de ambos os agentes patogénicos, uma vez que estas plantas até caem com a diluição 1:10 e murcham com a diluição 1:7,5 dentro de 24 horas do período de incubação [Quadro 8 e 9; Placa 12a, 12b e 12c].

4. 9. 1. 2. 1. Bioensaio de filtrados de cultura em sementes de cereais

Os filtrados de cultura tóxica YES e PDB foram incubados contra várias sementes não hospedeiras em diferentes diluições (controlo de água, controlo de caldo, bruto, 1:1.0, 1:2.5, 1:5.0, 1:7.5, 1:10) até 7 dias. Após o período de incubação, foram calculadas a percentagem de germinação e o índice de vigor das sementes. Verificou-se que a percentagem de germinação de sementes de milho, tratadas com diferentes diluições de filtrados de cultura de YES (*C. gloeosporioides*), diferia significativamente. A percentagem máxima de germinação de sementes e o índice de vigor foram registados no controlo da água e no controlo do caldo (99,0% e 4156; 98,0% e 3760, respetivamente). A menor percentagem de germinação de sementes e de índice de vigor foi observada na diluição 1:2,5 (19,0 por cento e 42, respetivamente) e a inibição completa da germinação de sementes foi registada nas diluições bruta e 1:1. Em sementes de milho, tratadas com diferentes diluições de filtrados de cultura de APO (*L. theobromae*), verificou-se que a percentagem de germinação diferia significativamente. A percentagem máxima de germinação de sementes e o índice de vigor foram registados no controlo da água e no controlo do caldo (99,0 e 4786; 98,0 por cento e 4119, respetivamente). A menor percentagem de germinação de sementes e o índice de vigor foram observados nas diluições 1:2,5 (16,0 por cento e 13, respetivamente) e a inibição completa da germinação de sementes foi registada nas diluições bruta e 1:1,0. Em sementes de sorgo, tratadas com diferentes diluições de filtrados de cultura de YES (*C. gloeosporioides*), verificou-se que a percentagem de germinação diferia significativamente. A percentagem máxima de germinação de sementes e o índice de vigor foram registados no controlo de água e no controlo de caldo (98,0 por cento e 3579; 98,0 por cento e 3167, respetivamente). A menor percentagem de germinação de sementes e índice de vigor foi observada na diluição 1:5.0 (12,0 por cento e 13, respetivamente) e a inibição completa da percentagem de germinação de sementes foi encontrada nas diluições brutas, 1:1.0 e 1:2.5.

Verificou-se que a percentagem de germinação diferia significativamente nas sementes de sorgo tratadas com diferentes diluições de filtrados de cultura de APO (*L. theobromae*). A percentagem máxima de germinação de sementes e o índice de vigor foram registados no controlo da água e no controlo do caldo (98,0 por cento e 4158; 98,0 por cento e 3843, respetivamente). A menor percentagem de germinação de sementes e índice de vigor foi observada na diluição 1:7,5 (11,0 por cento e 10 respetivamente) e a inibição completa da germinação de sementes foi encontrada nas diluições brutas, 1:1,0, 1:2,5 e 1:5,0. Verificou-se que a percentagem de germinação de sementes de arroz tratadas com diferentes diluições de filtrados de cultura de YES (*C. gloeosporioides*) difere significativamente. A percentagem máxima de germinação de sementes e o índice de vigor foram registados no controlo da água e no controlo do caldo (95,0% e 2836; 89,0% e 2637, respetivamente). A menor percentagem de germinação de sementes e índice de vigor foi observada nas diluições 1:1.0 (16,0 por cento e 27 respetivamente) e a inibição completa da germinação de sementes foi encontrada no filtrado bruto. Em sementes de arroz, tratadas com diferentes diluições de filtrados de cultura de PDB (*L. theobromae*), verificou-se que a percentagem de germinação diferia significativamente. A percentagem máxima de germinação de sementes e o índice de vigor foram registados no controlo de água e no controlo de caldo (92,0 por cento e 2718; 94,0 por cento e 2641, respetivamente). A menor percentagem de germinação de sementes e o índice de vigor foram observados na diluição 1:7,5 (23,0 por cento e 32 respetivamente) e a inibição completa da germinação de sementes foi encontrada nas diluições brutas, 1:1,0, 1:2,5 e 1:5,0 do que nas outras [Quadro 10 e 11; Placa 13].

4. 9. 2 Ensaio de toxicidade vegetal com toxinas brutas de *C. gloeosporioides* e *L. theobromae*

4. 9. 2. 1. Efeito da toxina bruta nas folhas de mangueira

As toxinas brutas *de C. gloeosporioides* e *L. theobromae* foram utilizadas para o ensaio de toxicidade em folhas de mangueira em diferentes diluições. Neste ensaio, diferentes diluições de toxina bruta de *C. gloeosporioides* inoculadas em folhas exibiram expressão típica de sintomas de antracnose inoculadas com toxina bruta não diluída no grau (++), 1:1.0 no grau (+), 1:2.5, 1:5.0, 1:7.5 e 1:10 no grau ((+)). Mostrou que todas as diluições de toxina continham atividade tóxica em folhas de manga [Tabela 14; Placa 18]. Em *L. theobromae*, as folhas inoculadas com toxina bruta expressaram lesões necróticas alargadas e indefinidas nas diluições de toxina bruta não diluída, 1:1.0, 1:2.5, 1:5.0 no grau (+++), respetivamente, seguidas de 1:7.5 no grau (++) e 1:10 no grau (+) do que no controlo [Quadro 12; Placa 14a e 14b].

4. 9. 2. 2. efeito da toxina bruta nos frutos da manga

As toxinas brutas *de C. gloeosporioides* e *L. theobromae* foram utilizadas para o ensaio de toxicidade em frutos de manga em diferentes diluições. Neste ensaio, os frutos inoculados com diferentes diluições da toxina bruta *de C. gloeosporioides* e *L. theobromae* (bruta, 1:1.0, 1:2.5, 1:5.0 e 1:10) exibiram lesões necróticas alargadas com o grau máximo (+++), exceto 1:10 com o grau (++), respetivamente. Neste ensaio, o tamanho da lesão necrótica desenvolveu-se gradualmente de acordo com o gradiente de diluição. A incidência máxima foi registada na diluição bruta seguida da diluição 1:1.0 [Quadro 13; Placa 15a e 15b].

4. 9. 3. Padronização de diluentes e solventes de fase móvel para cromatografia em camada fina (TLC)

Para detetar a presença de toxinas no extrato bruto de *C. gloeosporioides* e do patogéneo *L. theobromae*, as toxinas semi-purificadas foram diluídas com vinte diluentes diferentes e carregadas na placa TLC com seis fases móveis diferentes. Entre os vinte diluentes diferentes e as seis fases móveis diferentes utilizadas neste ensaio, as bandas de ambas as toxinas foram claramente observadas no diluente di-metilsulfóxido na fase móvel clorofórmio: ácido acético glacial: etanol (3:1:1) para a toxina *de C. gloeosporioides* e butanol: água: ácido acético glacial (5:3:2) para a toxina *de L. theobromae* [placa 16].

4. 9. 4. Deteção de toxinas por cromatografia em camada fina (TLC)

A produção de toxinas por *C. gloeosporioides* e *L. theobromae* foi detectada utilizando a cromatografia de camada fina (TLC). A presença da substância tóxica foi detectada sob luz ultravioleta e teste do tanque de iodo, observando-se depois as bandas nas placas de TLC com um valor do fator de retenção (R_f) de 0,84 para *C. gloeosporioides* e 0,91 para *L. theobromae*, respetivamente, as placas de TLC após o desenvolvimento com o tanque de iodo mostraram manchas distintas de cor castanha clara [placa 17].

4. 9. 5. Estudos de toxinas por cromatografia gasosa/espetrometria de massa (GC/MS)

Os filtrados de cultura tóxicos de *C. gloeosporioides* e *L. theobromae*, com e sem adição de hexanal, foram semi-purificados e as suas fracções activas de TLC foram submetidas a estudos de GC/MS, sendo os resultados apresentados em seguida.

4. 9. 5. 1. Identificação de metabolitos tóxicos de *C. gloeosporioides* e *L. theobromae*

As toxinas produzidas *in vitro* pelos agentes patogénicos foram parcialmente purificadas por TLC e foram submetidas a GC/MS para deteção e identificação. A identidade dos compostos foi confirmada através da biblioteca NIST 2005 e do programa de software AMDIS. Os compostos tóxicos associados a *C. gloeosporioides* foram detectados no tempo de retenção (RT) de 7.11 a 31.66, incluindo espiro-1-(ciclohex-2-eno)-2'-(5'- oxabiciclo[2.1.0]pentano), 1',4',2,6,6-pentametil- (RT-7.11), ácido fluoroacético, éster dodecílico (RT-11.17), 3-fluoro-4-[1-hidroxi-2-(isopropilamino)etil]-1,2- benzenodiol (RT-17.77), ácido 1,5-pentanodióico (RT-18.14), (9E)-9-hexacosano (RT-19.35), 3,5-diciclohexil-4-hidroxibenzoato de metilo (RT-21.25) e 1-Octacosanol (RT-31.66) [Prato 18].

Os compostos tóxicos associados a *L. theobromae* foram detectados no tempo de retenção (RT) de 8.13 a 33.15, incluindo ácido oxálico, éster ciclo-hexildecílico (RT- 8.13), fenol, p-tert-pentil- (RT-10.39), 1-Oxa-spiro[4.5]deca-6,9-dieno-2,8-diona,7,9- di-terc-butil- (RT-13.49), Lauramida (RT-14.54), (10E)-10-Henicoseno (RT-14.88), Ácido benzoico, 3,5-diciclohexil-4-hidroxi-éster metílico (RT-16.05), 2,6-dimetilheptadecano (RT-16,78), ácido propionóico (RT-20,17), (9E)-9-hexacosano (RT- 22,05), 1-cloroeicosano (RT-24.90), 9-(2',2'-Dimetilpropanoilhidrazono)-3,6-dicloro-2,7-bis-[2-(dietilamino)-etoxi]flúor (RT-26.38), 7-Cloro-2- (Oclorofenil)-1,2-dihidro-3H-indazol-3-ona (RT-33.15) [Prato 19].

CAPÍTULO 5

DISCUSSÃO

A manga (*Mangifera indica* L.) é uma das culturas frutícolas mais selecionadas das regiões tropicais e subtropicais do mundo, especialmente na Ásia. A sua popularidade e importância podem ser facilmente percebidas pelo facto de ser frequentemente referida como o "rei dos frutos" no mundo tropical (Singh, 1996). De um modo geral, os frutos desempenham um papel vital na nutrição humana, fornecendo os factores de crescimento necessários, como as vitaminas e os minerais essenciais. A manga madura é uma fonte rica em hidratos de carbono, proteínas, minerais, fibra bruta e vitaminas A e C. Atualmente, existem cerca de 1000 variedades de manga, cada uma com o seu próprio sabor, aroma, consistência da polpa e potencial de rendimento. No entanto, os frutos da manga são altamente perecíveis e são afectados por uma série de factores que conduzem a uma deterioração pós-colheita que representa 17 - 37%, anualmente, em todo o mundo. Um dos factores limitantes que influenciam o valor económico dos frutos é o período de conservação relativamente curto causado pelos agentes patogénicos das plantas. Mesmo nos países desenvolvidos, estima-se que cerca de 20-25% dos frutos colhidos são deteriorados por agentes patogénicos durante o manuseamento pós-colheita (Droby, 2006; Zhu, 2006). Vangnai e Kosiyachinda (1985) referiram que as perdas pós-colheita podem ir até 97%, dependendo das cultivares, dos locais, das práticas culturais e do ambiente.

Sabe-se que cerca de 27 géneros diferentes de fungos causam doenças nos frutos da mangueira (Prakash e Srivastava, 1987), dos quais a antracnose, causada por *Colletotrichum gloeosporioides* Penz. (Penz. e Sacc.) e a podridão da extremidade do caule, causada por *Lasiodiplodia theobromae* Pat. (Griffon e Maubl.) são as mais importantes (Johnson e Coates, 1993). A antracnose e o apodrecimento do caule desenvolvem-se durante a maturação a partir de infecções latentes que ocorreram no campo (Muirhead e Grattidge, 1984). Na Índia, a doença da antracnose foi registada pela primeira vez por Stevens e Pierce (1933). Está amplamente distribuída em todos os estados produtores de manga da Índia, causando enormes perdas económicas (Singh e Sharma, 2007). *C. gloeosporioides* causa grandes lesões que se espalham na superfície dos frutos. As perdas no campo devido a esta doença foram estimadas em 2 - 39%. Durante o armazenamento em , foram registadas perdas pós-colheita de até 51,7% (Pandey *et al.*, 2011). *L. theobromae* provoca lesões negras à volta da base do pedicelo. Mais tarde, a área afetada alarga-se para formar uma mancha circular, negro-acastanhada que, em atmosfera húmida, se estende rapidamente e torna todo o fruto negro em 2 - 3 dias. As perdas devidas à podridão da extremidade do pedúnculo da manga foram registadas em cerca de 7% (Sarkar *et al.*, 2011).

Foi relatado que *C. gloeosporioides* e *L. theobromae* produzem metabolitos tóxicos, que desempenham um papel importante no desenvolvimento da doença (Venkadaravannapa *et al.*, 2007; Mario *et al.*, 2012). Tendo em conta estes factos, foram realizados estudos sobre a seletividade do hospedeiro e a caraterização da toxina por cromatografia em camada fina e cromatografia gasosa/espetrómetro de massa (GC/MS) e o rastreio da toxina com várias plantas e sementes não hospedeiras para concluir a virulência e a natureza da seletividade do hospedeiro, sendo os resultados das investigações discutidos a seguir.

5. 1. Recolha e estabelecimento de isolados patogénicos

Os isolados virulentos dos agentes patogénicos da antracnose e da podridão da extremidade do caule da mangueira foram obtidos no Departamento de Fitopatologia, TNAU, Coimbatore. Os isolados virulentos foram subcultivados em meio de ágar dextrose de batata (PDA) e a patogenicidade dos isolados também foi estabelecida e a sintomatologia foi discutida no presente documento. Confirmou-se assim que *C. gloeosporioides* e *L. theobromae* são os organismos causais da antracnose e da podridão peduncular da manga, respetivamente.

5. 2. Sintomatologia

No presente estudo, os agentes patogénicos da antracnose e da podridão da extremidade do caule foram inoculados em frutos de manga saudáveis e posteriormente observados quanto ao desenvolvimento da doença, tendo sido comprovados os postulados de Koch.

5. 2. 1. Antracnose

As espécies de *Colletotrichum* causam sintomas típicos de antracnose, caracterizados por tecido necrótico afundado onde são produzidas massas conidiais alaranjadas (Bailey e Jeger, 1992). Da mesma forma, no presente estudo, os sintomas produzidos pelo patógeno na inoculação artificial dos frutos foram semelhantes aos sintomas observados na infeção natural. O sintoma apareceu como lesões necróticas pretas e afundadas e distribui-se por toda a casca do fruto. Em condições de humidade favoráveis, o fungo começa a desenvolver acérvulos, por vezes com anéis concêntricos, esporulando com massas de conídios rosados. Os frutos gravemente afectados ficam enegrecidos e apodrecem ou, por vezes, murcham e mumificam (Nelson, 2008). Os sintomas típicos dos frutos incluem lesões escuras, afundadas e circulares que produzem massas de conídios mucilaginosos, cor-de-rosa a laranja. Sob forte pressão da doença, as lesões podem coalescer (Zivkovic *et al.*, 2009). A antracnose mais comum nos frutos resulta de infecções latentes e manifesta-se como áreas cinzento-pretas ligeiramente deprimidas na casca dos frutos maduros. Num ambiente favorável, formam-se massas de esporos típicas de cor rosa a laranja (acérvulos) neste tecido (Pitkethley e Conde, 2007). A sintomatologia da infeção por *C. gloeosporioides* varia muito pouco entre diferentes hospedeiros e é caracterizada por lesões escuras e deprimidas nos frutos maduros, frequentemente acompanhadas por massas de esporos viscosas e cor-de-rosa que se desenvolvem à medida que os acérvulos amadurecem (Jeffries *et al.*, 1990).

5. 2. 2. Podridão da extremidade do caule

Os sintomas da podridão da extremidade do caule pós-colheita da manga são lesões pretas macias e manchadas que se estendem da extremidade do caule do fruto até à extremidade basal (Awa *et al.*, 2012). No presente estudo, foi produzido um sintoma semelhante por inoculação artificial com o agente patogénico. O sintoma de podridão da extremidade do caule mostrou lesões pretas manchadas de lágrimas que vão desde a extremidade do caule do fruto até à extremidade basal. Na fase inicial, o epicarpo escurece à volta da base do pedicelo. Mais tarde, a área afetada aumenta para formar uma mancha circular, negra acastanhada que, sob atmosfera húmida, se estende rapidamente e torna todo o fruto negro em 2 - 3 dias. Achados semelhantes foram observados por Meer *et al.* (2013), onde relataram que os sintomas iniciais apareceram como epicarpo escuro à volta da base do pedicelo. O fruto fica encharcado de água e eventualmente estende-se internamente ao fruto. Mais tarde, a área afetada aumenta para formar uma mancha negra acastanhada circular que, em atmosfera húmida, se estende rapidamente e torna todo o fruto negro em 2 a 3 dias

5. 3. Virulência de *C. gloeosporioides* e *L. theobromae*

No presente estudo, entre os vinte isolados de *C. gloeosporioides*, o CG 2 de Aranthangi foi altamente virulento, registando a incidência máxima da doença, seguido do isolado CG11 de Periyakulam, enquanto os isolados CG 5, CG 13, CG 17 e CG 19 foram os menos virulentos. Resultados semelhantes foram obtidos por Manjunath (2009), que referiu que, entre os dez isolados de *C. gloeosporioides* de noni, o isolado C1 de Vallanadu foi o mais virulento, seguido do C5 de Deenampalayam e do C7 de Belur. Resultados semelhantes foram observados por Anand (2002). O autor referiu que, de entre cinco isolados de *C. capsici,* o isolado CC1 era o mais virulento, seguido do CC2, enquanto o CC5 era o menos virulento. Vivekananthan *et al.* (2004) também relataram que, entre os vinte isolados de *C. gloeosporioides,* o isolado GOB de Gobichettipalayam apresentou PDI máximo (90,0), seguido por TRY de Trichirapalli (PDI 85,0) e BOD1 de Bodinaikkanur (PDI 85,0).

No presente estudo, entre os dezasseis isolados de *L. theobromae*, o LT 14 de Kanyakumari foi altamente virulento, tendo registado a incidência máxima da doença, seguido do isolado LT 1 de Cumbum, enquanto o isolado LT10 de Krishnagiri foi o menos virulento. Resultados semelhantes foram obtidos por Latha (2009), que referiu que, entre os dezoito isolados de *L. theobromae* recolhidos, o isolado de Coimbatore foi considerado mais virulento, seguido do isolado de Sathiyamangalam, enquanto o isolado de Tanjore foi menos virulento. Uma tendência semelhante foi estudada por Sangchote (1988), que relatou que os isolados de *Botryodiplodia theobromae* de mangas eram mais virulentos do que os de outros hospedeiros. Das seis cultivares de manga testadas, Okrong foi a mais suscetível à infeção. Os frutos com pedicelos mais compridos desenvolveram os sintomas da doença mais lentamente do que os frutos com pedicelos mais curtos. Resultados semelhantes foram registados por Mahmood (2008), que referiu que os 13 isolados de *L. theobromae* variavam entre 25-68 mm de desenvolvimento de lesões após a inoculação. O isolado Fd3 apresentou 25,0 mm de desenvolvimento mínimo e o isolado Fd14 apresentou 68,0 mm de desenvolvimento máximo de lesões na manga.

5. 4. Caracteres morfológicos e culturais dos isolados

5. 4. 1. *C. gloeosporioides*

No presente estudo, entre os diferentes isolados de *C. gloeosporioides*, os isolados CG1, CG7, CG13 e CG19 produziram micélio de cor branca, os isolados CG 2, CG 4 e CG 12 produziram micélio de cor branca acinzentada, os isolados CG 3, CG 6, CG 8, CG 9, CG 11 e CG 16 produziram micélio de cor cinzenta esbranquiçada, os isolados CG 15, CG 17, CG 18 e CG 20 produziram micélio de cor branca enegrecida, os isolados CG 10 produziram micélio de cor cinzenta, os isolados CG 14 produziram micélio de cor púrpura e os isolados CG 5 produziram micélio de crescimento pulverulento preto. No que diz respeito à topografia, os isolados CG 1, CG 12, CG 13, CG 14 e CG 16 produziram micélio de crescimento plano, CG 2, CG 8, CG 9, CG 11, CG 15, CG 18 e CG 20 produziram micélio de crescimento fofo e elevado, CG 4, CG 5, CG 6, CG 10 produziram micélio de crescimento médio, os isolados CG 17 e CG 19 produziram micélio de crescimento médio e plano, CG 3 produziu micélio elevado e CG 7 produziu micélio de crescimento ornamental, plano e ramificado. Os isolados CG 7, CG 9, CG 10, CG 14, CG 16 e CG 17 produziram margem irregular e os isolados CG 1, CG 2, CG 3, CG 4, CG 5, CG 6, CG 8, CG 11, CG 12, CG 13, CG 15, CG 18,

CG 19 e CG 20 produziram margem lisa. Os isolados CG 5, CG 6 e CG 9 produziram zonação concêntrica e os restantes não apresentaram zonação. Os isolados CG 3 e CG 17 produziram pigmentação preta, CG 14 produziu pigmentação de cor dourada e CG 15, CG 18 e CG 20 produziram pigmentação de cor preta escura. Todos os isolados esporularam em PDA e em meio de ágar de farinha de aveia. O isolado CG 2 apresentou uma boa esporulação, seguido do CG 14, CG 17 e CG 19, quando comparado com outros isolados. Entre os isolados, o crescimento do CG 2 foi rápido e cobriu a placa em 10 dias. Resultados semelhantes foram registados por Meer *et al.* (2013), que relataram que o isolado de *C. gloeosporioides* apresentou uma colónia esbranquiçada formada por corpos de frutificação de cor preta e laranja. Resultados semelhantes foram observados por Prema Ranjitham *et al.* (2011), que referiram que, entre os dezasseis isolados de *C. musae*, os isolados C1, C3, C8 e C13 produziram colónias de cor branca escura, os isolados C2, C5, C6, C9, C10, C11, C12, C14, C15 e C16 produziram colónias de cor rosa e os isolados C4 e C7 produziram colónias de cor laranja clara. A mesma tendência foi observada por Nakamura *et al.* (2008), que referiram que as colónias de isolados de C. *gloeosporioides* apresentavam uma cor cinzenta azeitona clara na parte superior e uma cor branca rosada ou amarelada na parte inferior.

5. 4. 2. *L. theobromae*

No presente estudo, entre os diferentes isolados de *L. theobromae*, os isolados LT 1, LT 2, LT 6 e LT 10 produziram micélio de cor branca acinzentada, os isolados LT 3, LT 8 e LT 15 produziram micélio de cor preta acinzentada, os isolados LT 13 e LT 14 produziram micélio de cor cinzenta enegrecida, os isolados LT 5 e LT 7 produziram micélio de cor cinzenta, os isolados LT 4 e LT 11 produziram micélio de cor branca, os isolados LT 9 produziram micélio de cor castanha acinzentada, os isolados LT 12 produziram micélio de cor preta e os isolados LT 16 produziram micélio de cor branca enegrecida. A topografia de todos os isolados exibiu crescimento aéreo de micélio. O isolado LT 7 produziu margem irregular, LT 1, LT 2, LT 3, LT 4, LT 5, LT 6, LT 8, LT 9, LT 10, LT 11, LT 12, LT 13, LT 14, LT 15 e LT 16 produziram margem lisa. Os isolados de LT 1 e LT 14 produziram zonação concêntrica e os restantes não apresentaram zonação. Os isolados LT 2, LT 5, LT 6, LT 8, LT 9, LT 10, LT 12, LT 13, LT 14, LT 15 e LT 16 produziram pigmentação preta. Os isolados LT 4 e LT 11 produziram pigmentação preta escura. Os isolados LT 1, LT 3 e LT 7 não produziram pigmentação. O isolado LT 14 apresentou boa esporulação, seguido por LT 4, LT 5, LT 9, LT 11 e LT 16, quando comparado com outros isolados. Foram observadas variações no tamanho dos conídios em todos os isolados. Entre os isolados, o crescimento do LT 14 foi rápido e cobriu a placa em 5 dias. Resultados semelhantes foram obtidos por Meer *et al.* (2013), que relataram que o isolado de *L. theobromae* apresentou uma colónia de cor cinzenta a preta com picnídios pretos e brilhantes. Resultados semelhantes foram obtidos por Ni *et al.* (2012), que mostraram que o *L. theobromae* produziu inicialmente micélio aéreo branco e fofo que cobriu rapidamente a superfície das placas de Petri em dois dias de incubação. O micélio tornou-se então cinzento oliváceo pálido em 3-4 dias e produziu picnídios após 7 dias. Quando visualizadas a partir do fundo da placa de Petri, as colónias começaram por ser brancas a cinzentas oliváceas, tornando-se oliváceas escuras após 7-10 dias.

5. 5. Caraterísticas de crescimento dos agentes patogénicos em meios sólidos

Todos os seres vivos necessitam de alimentos para o seu crescimento e reprodução; os fungos não são uma exceção. Os fungos obtêm alimento e energia do substrato sobre o qual vivem na natureza. Para cultivar os fungos no laboratório, é necessário fornecer os elementos e compostos essenciais no meio que são necessários para o seu crescimento e outros processos vitais. Nem todos os meios são igualmente bons para todos os fungos nem pode haver um substrato universal ou meio artificial no qual todos os fungos possam crescer bem. Assim, foram experimentados diferentes meios para o crescimento de *C. gloeosporioides* e *L. theobromae*

No presente estudo, o PDA seguido do meio de ágar farinha de aveia suportou o crescimento máximo de *C. gloeosporioides*. Isto estava em conformidade com as conclusões de Nandinidevi (2008), onde, entre os sete meios testados, o PDA registou o diâmetro médio máximo das colónias de *C. gloeosporioides*, seguido do extrato de folhas de antúrio e do ágar de farinha de milho.

Os presentes resultados são semelhantes ao relatório de Amarjit singh *et al.* (2006), que observaram o crescimento máximo de *C. gloeosporioides* de goiaba em meio PDA. Resultados semelhantes foram obtidos por Meer *et al.* (2013), que relataram que o crescimento máximo de *C. gloeosporioides* de manga em ágar de sumo de V8 seguido de ágar de farinha de aveia. Do mesmo modo, Jeyalakshmi e Seetharaman (1999) e Patil e Moniz (1973) referiram que o ágar PDA era o mais adequado para o crescimento e a esporulação de *C. capsici*. Mas o crescimento máximo de *C. capsici* foi observado em caldo de Richard seguido de caldo de dextrose de batata (Anand, 2002). Do mesmo modo, Prema Ranjitham *et al.* (2011) referiram que o diâmetro médio mais elevado das colónias de *C. musae* (87,47 mm) foi registado em PDA, seguido de ágar de farinha de aveia (81,65 mm), ágar de Richards (80,00 mm) e ágar de Walksman (78,37 mm). O crescimento micelial mais baixo, de 8,95 mm, foi registado em ágar-água.

No presente estudo, o meio PDA seguido do meio Potato Sucrose Agar suportou o crescimento máximo de *L. theobromae*. Isto estava em conformidade com as conclusões de Latha (2009), onde, entre os sete meios testados, o PDA registou o diâmetro médio máximo das colónias de *L. theobromae*, seguido do ágar de sacarose de batata, ágar de farinha de milho e ágar de sumo de V8. Meer *et al.* (2013), relataram que o crescimento máximo de *L. theobromae* de manga em ágar extrato de malte seguido de ágar batata-cenoura. Alam *et al.* (2001) registaram o crescimento micelial mais elevado de *B. theobromae* em PDA e a produção máxima de picnídios em Czapak's Dox Agar. Do mesmo modo, Quroshi e Meah (1991) observaram o crescimento linear mais rápido de *B. theobromae* em ágar Richards, ágar de extrato de folha de manga e PDA. Khanzada *et al.* (2006) referiram que o ágar Batata Sacarose e o ágar Extrato de Levedura Manitol (YEMA) eram os mais favoráveis para o crescimento micelial radial rápido de *L. theobromae*. Kausar *et al.* (2009) referiram que o crescimento micelial máximo de *B. theobromae* foi registado em PDA seguido de ágar-água.

5. 6. Caracterização molecular de *C. gloeosporioides* e *L. theobromae*

As doenças da antracnose e da podridão da extremidade do caule são claramente identificadas pelos sintomas caraterísticos produzidos; mas, por vezes, os sintomas são mascarados, uma vez que os agentes patogénicos sobrevivem sob a forma de infeção latente na ausência de um ambiente congénito. Assim, a identificação e caraterização do agente patogénico com base nos sintomas não seria exacta e fiável. Um pré-requisito essencial para o desenvolvimento de instrumentos de diagnóstico é um método de identificação adequado e fiável. A suposta existência de formas intermédias entre espécies, a plasticidade morfológica e a sobreposição de fenótipos dificultam a classificação e complicam a utilização de critérios clássicos para a identificação destes agentes patogénicos. Em contrapartida, as técnicas de biologia molecular fornecem métodos alternativos e adicionais e estão a tornar-se ferramentas importantes para decifrar as relações entre os isolados de agentes patogénicos fúngicos (MacLean *et al.*, 1993). As regiões espaçadoras transcritas internas (ITS), não codificantes e variáveis, e o gene 5.8S rRNA, codificante e conservado, são úteis para medir as relações filogenéticas estreitas dos fungos. Uma vez que as regiões ribossómicas evoluem de forma concertada, apresentam um baixo polimorfismo intraespecífico e uma elevada variabilidade interespecífica, o que se revelou muito útil para a identificação de espécies de *Colletotrichum* (Sheriff *et. al.*, 1995; Martin e Garcia-Figueres, 1999). As regiões ITS-1 e ITS-2 do ADN ribossómico nuclear tornaram-se alvos muito específicos para abordar questões taxonómicas entre os anophelines. A sequência de nucleótidos destas regiões espaçadoras é frequentemente muito mais polimórfica entre espécies do que dentro de cada espécie (Manonmani *et al.*, 2001; Djadid *et al.*, 2006). Em geral, nos fungos, o tamanho da região ITS varia entre 500 e 800 pb e pode ser amplificado utilizando o par de primers universais , ITS-1 e ITS-4, que são complementares às sequências dos genes rRNA (White *et al.*, 1990). No presente estudo, as regiões ITS de *C. gloeosporioides* e *L. theobromae* foram amplificadas usando os primers universais ITS-1 e ITS-4 por PCR. Os primers amplificaram um fragmento correspondente a aproximadamente 560 pb para os isolados *de C. gloeosporioides* e 550 pb para os isolados *de L. theobromae*. Esses resultados estavam de acordo com as descobertas anteriores de Saha *et al.* (2002), Xiao *et al.* (2004) e Kamle *et al.* (2013) para a amplificação ITS de *C. gloeosporioides;* Malik *et al.* (2005) e Latha (2009) para isolados *de L. theobromae*.

5. 7. Produção de toxinas e suas propriedades

Os fungos produzem toxinas nas plantas infectadas e no meio de cultura. Estas toxinas são venenos celulares e são eficazes mesmo em concentrações muito baixas. As toxinas não selectivas do hospedeiro causam sintomas de doença nas suas plantas hospedeiras e noutras espécies de plantas que normalmente não são atacadas na natureza. A importância dos metabolitos tóxicos do agente patogénico na patogénese foi documentada por vários trabalhadores (Kimura *et al.*, 1973; Gohbara *et al.*, 1978; Yoder, 1980; Vidyasekaran *et al.*, 1992). A produção de fitotoxinas foi registada em várias espécies de *Colletotrichum* (Bailey *et al.*, 1992). As toxinas cuja estrutura química foi identificada incluem colletotrichins produzidas por *C. capsici* (Grove *et al.*, 1966) e *C. nicotianae* (Gohbara *et al.*, 1978), colletopyrone produzida por *C. nicotianae* (Gohbara *et al.*, 1976; Masatoshi *et al.*, 1978), aspergilomarasmina produzida por *C. gloeosporioides* (Ballio *et al.*, 1969) e ferricrocina produzida por *C. gloeosporioides* (Ohra *et al.*, 1995). Estas toxinas são consideradas toxinas não específicas do hospedeiro. Além disso, foi relatado que *C. fuscum* (Goodman, 1960), *C. camelliae* (Wang, 1986) e *C. gloeosporioides* (Gunawan *et al.* 1988) produzem toxinas cuja estrutura não foi identificada. As toxinas supramencionadas produzidas por espécies de *Colletotrichum* foram recuperadas apenas dos filtrados de cultura, não havendo relatos de ocorrência de toxinas em tecidos infectados (Bailey *et al.*, 1992). A produção de fitotoxinas foi registada para várias espécies de *Lasiodiplodia*. He *et al.* (2004) relataram as toxinas produzidas por *L. theobromae,* cuja estrutura química identificada inclui γ-metileno-β-butirolactona e ácido decúmbico. Produção de lasiodiplodina, toxina não seletiva do hospedeiro foi isolada de espécies de *Lasiodiplodia* (Kashima *et al.*, 2009) e lasiodiplodan (Mario *et al.*, 2012).

5. 7. 1 Efeito de filtrados de cultura com folhas de manga e várias plantas e sementes não hospedeiras

No presente estudo, *C. gloeosporioides* e *L. theobromae* produziram um metabolito tóxico em caldos de cultura de extrato de levedura de sacarose (YES) e de dextrose de batata (PD), respetivamente, e estes filtrados de cultura contêm atividade tóxica no hospedeiro principal (manga) e murchidão completa em plantas não selectivas do hospedeiro e inibição da germinação em sementes. Além disso, as toxinas brutas extraídas produziram o sintoma caraterístico da antracnose e o sintoma necrótico da podridão da extremidade do caule em folhas e frutos de manga destacados. Existem vários relatórios sobre a produção de metabolitos fitotóxicos não selectivos para o hospedeiro por espécies de *Colletotrichum* (Goodman, 1960; Grove *et al.*, 1966; Ballio *et al.*, 1969; Kimura *et al.*, 1973; Goddard *et al.*, 1979). A observação indicou que a toxina produziu o sintoma de murchidão completa em nove espécies de plantas não hospedeiras e a inibição da germinação em três sementes de cereais mostra que a natureza não específica do hospedeiro. A indução de um ligeiro escaldão em plantas de sorgo e arroz pela toxina bruta pode dever-se à presença de alguns inibidores de germinação. Isto é confirmado pelo facto de a toxina semi-purificada não ter produzido qualquer sintoma em plantas não hospedeiras, enquanto a sua toxicidade para a planta hospedeira se manteve. Venkataravanappa *et al.* (2007) também referiram que a toxina de *C. gloeosporioides* não é específica do hospedeiro, tendo observado queimaduras marginais, queda seguida de murcha completa em 48 horas no tomateiro e inibição completa da germinação em sementes de sorgo tratadas com toxina bruta. Rajasekharan *et al.* (2001) referiram que a toxina LT foi desenvolvida contra *Parthenium hysterophorous* como um potencial micoherbicida e foi patenteada.

5. 7. 2 Efeito da toxina bruta nas folhas e frutos da mangueira

A expressão dos sintomas da toxina produzida por *C. capsici* em folhas de açafrão foi relatada pela primeira vez por Chandrasekharan e Ramakrishnan (1973). Resultados semelhantes também foram obtidos por Jayasankar e Litz (1998), que relataram que a toxina parcialmente purificada *de C. gloeosporioides* induziu o sintoma de antracnose em folhas de manga inoculadas. Da mesma forma, no presente estudo, a toxina bruta extraída dos filtrados de cultura de *C. gloeosporioides* e *L. theobromae* continha atividade toxicida em folhas e frutos de manga. Em *C. gloeosporioides*, a toxina bruta e a toxina diluída injectadas nas folhas de manga apresentaram sintomas típicos de antracnose, ao passo que *L. theobromae*, a toxina bruta e a toxina diluída injectadas nas folhas de manga apresentaram sintomas necróticos típicos. Resultados semelhantes foram observados por He *et al.* (2004), que referiram que a toxina bruta *de L. theobromae* induziu uma lesão necrótica 48 horas após a injeção em frutos de bananeira. A mesma tendência foi observada por Jayakumar (2004), que relatou que a toxina semi-purificada induziu lesões necróticas a 5000ppm 96 horas após a injeção em folhas de cana-de-açúcar. Estes resultados indicaram que a presença do metabolito tóxico produzido por *C. falcatum* em culturas precisa de ser purificado para induzir sintomas graves a baixa concentração. Da mesma forma, Mohanraj *et al.* (2003) relataram que era necessária uma concentração relativamente alta de toxina da podridão vermelha para induzir o sintoma no hospedeiro.

5. 7. 3 Caracterização cromatográfica das toxinas

A primeira tentativa de caraterização da toxina produzida por *C. falcatum* foi efectuada por Olufolaji e Bamgboye (1986). Verificaram que a toxina era solúvel em solventes de elevado peso molecular, *nomeadamente* água, etanol, metanol e acetona, mas muito pouco em clorofórmio. De acordo com estes autores, as toxinas termoestáveis foram diluídas em dimetilsulfóxido produzido por *C. gloeosporioides* e *L. theobromae* e as bandas de exposição na cromatografia em camada fina foram desenvolvidas em sistemas de solventes clorofórmio: ácido acético glacial: etanol e butanol: água: ácido acético glacial, respetivamente. Goodman (1960) estudou a natureza química da toxina produzida por *C. fuscum* através de cromatografia em camada fina e verificou que tinha fracções polissacáridas e peptídicas, tendo-lhe dado o nome de colletotina.

5. 7. 4 Caracterização de toxinas por cromatografia gasosa/espetrometria de massa (GC/MS)

Várias toxinas selectivas e não selectivas para o hospedeiro produzidas por fitopatógenos foram isoladas e as suas estruturas foram determinadas durante a última década (Scheffer e Livingston, 1980). Jayakumar (2004) referiu que o composto tóxico ácido 1,5- pentanodioico foi detectado no tempo de retenção 20,95 de *C. falcatum* através de GC/MS. Na presente investigação, verificou-se que o mesmo composto tóxico era produzido por *C. gloeosporioides* através de GC/MS no tempo de retenção 18,14. Mas este composto tóxico não existia no tratamento com hexanal.

Moalemiyan *et al.* (2007) também fizeram um relatório semelhante, referindo que o composto tóxico ácido propionóico, éster etílico, foi detectado com uma abundância relativa de $5,0 \times 10^{-5}$ em manga infetada com *L. theobromae* através de GC/MS portátil. Da mesma forma, Cessna *et al.* (2000) provaram que o ácido oxálico é um importante fator de patogenicidade de *Sclerotinia sclerotiorum*. Ibrahim *et al.* (2011) referiram que o composto ácido oxálico detectado na análise GC/MS de frutos de tomate maduro inoculados com *Aspergillus niger* é um fator-chave para a patogenicidade. Na presente investigação, verificou-se que os mesmos dois compostos tóxicos, *ou seja,* o ácido propionóico e o ácido oxálico, foram produzidos por *L. theobromae* através de GC/MS. A identificação do composto e as fórmulas moleculares de três substâncias tóxicas de *C. nicotianae* foram determinadas como $C_{28}H_{42}O_7$, $C_{29}H_{12}O_8$ e $C_{29}H_{42}O_8$ (colletotrichin, colletotrichins B e C respetivamente) por cromatografia de camada fina, espetrometria de massa e análise cristalográfica de raios X (Gohbara *et al.,* 1978). Ballio *et al.* (1969) registaram a especificação do composto como ácido lycomarasmic (aspergillomarasmin B) produzido por *C. gloeosporioides* através de cromatografia em camada fina. A toxina produzida por *C. lagenarium* foi caracterizada como 2-piruvoilaminobenzamida (Kimura *et al.,* 1973). Estudos de cromatografia líquida de alta pressão da toxina produzida por *C. dematium* mostraram a presença de quatro fracções tóxicas no extrato obtido de lesões de antracnose (Yoshida *et al.,* 2000). No presente estudo, a análise por GC/MS de compostos tóxicos parcialmente purificados extraídos de *C. gloeosporioides* e *L. theobromae* cultivados em caldo YES e PD, respetivamente, é totalmente diferente dos compostos tóxicos extraídos de *C. gloeosporioides* e *L. theobromae* cultivados em caldo YES e PD modificados com hexanal, respetivamente.

CAPÍTULO 6

RESUMO

ад Na manga, as principais doenças pós-colheita são a antracnose causada por *Colletotrichum gloeosporioides* (Penz.) e a podridão da extremidade do caule causada por *Lasiodiplodia theobromae* (Pat.). Vinte isolados de *C. gloeosporioides* e dezasseis isolados de *L. theobromae* foram recolhidos nas principais zonas de cultivo de manga de Tamil Nadu, *nomeadamente* nos distritos de Theni, Kanyakumari e Krishnagiri.

ад Os patógenos associados à antracnose e à podridão peduncular foram isolados em meio PDA e, com base nos caracteres morfológicos e culturais, foram identificados como *C. gloeosporioides* (Penz.) (penz. E Sacc) e *L. theobromae* (Pat.) (Griffon e Maubl). A patogenicidade foi comprovada *in vitro*. Entre os vinte isolados de *C. gloeosporioides,* o isolado CG2 isolado de Aranthangi e, no caso de *L. theobromae,* o isolado LT14 isolado de Kanyakumari foram considerados altamente virulentos.

ад Foram estudadas as variações morfológicas e moleculares entre os isolados de *C. gloeosporioides* e *L. theobromae.* Os resultados revelaram que houve uma grande variação no que diz respeito aos caracteres morfológicos e culturais dos isolados, com base no tamanho e na forma dos conídios, no crescimento em diferentes meios sólidos, nos caracteres culturais em PDA no que diz respeito à cor da colónia, topografia, margem, pigmentação, zonação e esporulação e também no efeito do pH e da temperatura no crescimento do agente patogénico.

ад Entre os diferentes isolados de *C. gloeosporioides,* os isolados CG1, CG7, CG13 e CG19 produziram micélio de cor branca, os isolados CG 2, CG 4 e CG 12 produziram micélio de cor branca acinzentada, os isolados CG 3, CG 6, CG 8, CG 9, CG 11 e CG 16 produziram micélio de cor cinzenta esbranquiçada, os isolados CG 15, CG 17, CG 18 e CG 20 produziram micélio de cor branca enegrecida, os isolados CG 10 produziram micélio de cor cinzenta, os isolados CG 14 produziram micélio de cor púrpura e os isolados CG 5 produziram micélio de crescimento pulverulento preto. No que diz respeito à topografia, os isolados CG 1, CG 12, CG 13, CG 14 e CG 16 produziram micélio de crescimento plano, CG 2, CG 8, CG 9, CG 11, CG 15, CG 18 e CG 20 produziram micélio de crescimento fofo e elevado, CG 4, CG 5, CG 6, CG 10 produziram micélio de crescimento médio. Os isolados CG 17 e CG 19 produziram micélio de crescimento plano médio, CG 3 produziu micélio elevado, CG 7 produziu micélio de crescimento plano, ramificado e ornamental. Os isolados CG 7, CG 9, CG 10, CG 14, CG 16 e CG 17 produziram micélio de margem irregular e os isolados CG 1, CG 2, CG 3, CG 4, CG 5, CG 6, CG 8, CG 11, CG 12, CG 13, CG 15, CG 18, CG 19 e CG 20 produziram micélio de margem lisa. Os isolados CG 5, CG 6 e CG 9 produziram zonação concêntrica e os restantes não apresentaram zonação. Os isolados CG 3 e CG 17 produziram pigmentação preta, CG 14 produziu pigmentação de cor dourada e CG 15, CG 18 e CG 20 produziram pigmentação de cor preta escura. Todos os isolados esporularam em PDA e em meio de ágar de farinha de aveia. O isolado CG 2 apresentou boa esporulação, seguido por CG 14, CG 17 e CG 19, quando comparado com outros isolados. Entre os isolados, o crescimento do CG 2 foi rápido e cobriu a placa em 10 dias.

ад Entre os diferentes isolados de *L. theobromae,* os isolados LT 1, LT 2, LT 6 e LT 10 produziram micélio de cor branca acinzentada, LT 3, LT 8 e LT 15 produziram micélio de cor preta acinzentada, LT 13 e LT 14 produziram micélio de cor cinza acinzentada, LT 5 e LT 7 produziram micélio de cor cinzenta, LT 4 e LT 11 produziram micélio de cor branca, LT 9 produziu micélio de cor castanha acinzentada, LT 12 produziu micélio de cor preta. O LT 16 tinha micélio de cor branco-escuro. A topografia de todos os isolados apresentava crescimento aéreo do micélio. O isolado LT 7 produziu margem irregular, LT 1, LT 2, LT 3, LT 4, LT 5, LT 6, LT 8, LT 9, LT 10, LT 11, LT 12, LT 13, LT 14, LT 15 e LT 16 produziram margem lisa. Os isolados de LT 1 e LT 14 produziram zonação concêntrica e os restantes não apresentaram zonação. Os isolados LT 2, LT 5, LT 6, LT 8, LT 9, LT 10, LT 12, LT 13, LT 14, LT 15 e LT 16 produziram pigmentação preta. Os isolados

LT 4 e LT 11 produziram pigmentação preta escura. Os isolados LT 1, LT 3 e LT 7 não produziram pigmentação. O isolado LT 14 apresentou boa esporulação, seguido por LT 4, LT 5, LT 9, LT 11 e LT 16, quando comparado com outros isolados. Entre os isolados de , o crescimento de LT 14 foi rápido e cobriu a placa em 5 dias

ад O efeito de diferentes meios sólidos testados no crescimento de *C. gloeosporioides* mostrou um crescimento máximo em meio PDA seguido de meio de ágar de farinha de aveia. No caso de *L. theobromae*, o crescimento máximo foi obtido em meio PDA seguido de meio Potato Sucrose Agar.

ад A região ITS de *C. gloeosporioides* e *L. theobromae* foi amplificada com os iniciadores ITS-1 e ITS-4 específicos do rDNA 18S *de C. gloeosporioides* e com os iniciadores ITS-1 e ITS-4 específicos do rDNA 18S de *L. theobromae*, obtendo-se um amplicon PCR de 550 pb e 560 pb das regiões ITS, respetivamente.

O efeito toxicida dos filtrados de cultura de *C. gloeosporioides* e *L. theobromae* foi testado no hospedeiro principal (manga), em nove plantas não hospedeiras e em três sementes de cereais. Os resultados revelaram que os filtrados de cultura brutos e diluídos de *C. gloeosporioides* e *L. theobromae* inoculados em folhas de mangueira exibem sintomas típicos de antracnose e necrose, respetivamente, enquanto os filtrados de cultura inoculados em plantas não hospedeiras apresentam uma rápida murchidão e, no caso das sementes tratadas com filtrados de cultura, perdem o seu vigor e são incapazes de germinar. É evidente que *C. gloeosporioides* e *L. theobromae* produzem toxinas selectivas não hospedeiras.

Foi estudado o ensaio de toxicidade de plantas com as toxinas brutas e diluídas de *C. gloeosporioides* e *L. theobromae* em folhas e frutos de manga. Os resultados revelaram que foi observada a expressão de sintomas típicos de antracnose em folhas inoculadas com *C. gloeosporioides* e a expressão de lesões necróticas em folhas inoculadas com *L. theobromae*. Nos frutos, ambas as toxinas produziram lesões necróticas alongadas com base num gradiente de concentração de toxinas.

ад Estudou-se a padronização de diluentes e solventes de fase móvel para a deteção de compostos tóxicos por Cromatografia em Camada Fina (CCF). Para isso, foram testados 20 diferentes diluentes e 6 diferentes fases móveis. Entre eles, as toxinas brutas diluídas em dimetilsulfóxido exibem uma banda típica nas placas de TLC revestidas de sílica nas fases móveis *viz.,* clorofórmio: ácido acético glacial: etanol (3:1:1) para *C. gloeosporioides* e butanol: água: ácido acético glacial (5:3:2) para *L. theobromae.*

ад As toxinas produzidas por *C. gloeosporioides* e *L. theobromae foram* detectadas através de TLC no fator de retenção (*Rf*) 0,84 e 0,91, respetivamente, seguido de um ensaio de tanque de iodo de placas de TLC carregadas com toxinas que exibiram bandas em *Rf* 0,85 e 0,87, respetivamente.

REFERÊNCIAS

Alam, M.S., Begum, M.F., Sarkar, M.A., Islam, M.R. e Alam, M.S. 2001. Effect of temperature, light and media on growth, sporulation, formation of pigments and pycnidia of *Botrydiplodia theobromae*. Pat. *Pak. J. Biol. Sci.,* **4:** 12241227.

Alam, S.S. 1995. As toxinas de *Ascochyta rabiei* e *Fusarium oxysporum* f. sp. *ciceri*: A sua utilização potencial na seleção da resistência ao míldio e à murchidão do grão-de-bico. "Descobertas recentes na química de produtos naturais". *Proc. 19ᵗʰ IUPAC Symp. Chem. of Natural Products*, Paquistão 1995. pp. 1225-1229.

Alleyne, A.T. e Garro, L.W.O. 2008. Seletividade do hospedeiro de um extrato fitotóxico de 40kDa de *Colletotrichum gloeosporioides* (Phyllachoraceae) no inhame *Dioscorea alata* (Dioscoreace). *Carib. J. Sci.,* **44(1):** 1-12.

Amalfitano, C., Pengue, R., Andolfi, A., Vurro, M., Zonno, M.C. e Evidente, A. 2002. Análise por HPLC do ácido fusárico, do ácido 10-11 desidrofusárico e dos seus ésteres metílicos, metabolitos tóxicos produzidos por espécies *de Fusarium* patogénicas para as ervas daninhas. *Phytochem. Anal.,* **13(5):** 277-282.

Amarjit singh, Verma, K.S. e Mohan, C. 2006. Efeito de diferentes meios de cultura no crescimento e esporulação de *Colletotrichum gloeosporioides* que causa a antracnose da goiaba. *Pl. Dis. Res.,* **21:** 213-224.

Amusa, N.A. 1994. Produção, purificação e bioensaio de metabolitos tóxicos de três espécies fitopatogénicas de *Colletotrichum* na Nigéria. *Mycopathologia,* **128:** 161166.

Amusa, N.A. 1998. Avaliação de clones de mandioca para resistência à doença da antracnose utilizando metabolitos fitotóxicos de *Colletotrichum gloeosporioides* f. sp. *manihotis* e sua correlação com as reacções da doença no campo. *Trop. Agric. Res. Ext.,* **1:** 116-120.

Amusa, N.A. 2005. Fitotoxinas produzidas por micróbios e gestão de doenças das plantas. *Afr. J. Biotech,* **5(5):** 405-414.

Amusa, N.A. e Ikotun, T. 1995. A fitotoxicidade dos metabolitos tóxicos produzidos por *Colletotrichum* spp. em ervas daninhas e plantas cultivadas na Nigéria. *Int. J. Trop. Pl. Dis.*, **13:** 113-119.

Amusa, N.A., Ikotun, T. e Asiedu, R. 1993. Extração de uma substância fitotóxica de folhas de inhame infectadas com *Colletotrichum gloeosporioides*. *Int. J. Trop. Pl. Dis.*, **128:** 161-162.

Anand, T. e Bhaskaran, R. 2009. Exploitation of plant products and bioagents for ecofriendly management of chilli fruit rot disease. *J. Plant Prot.*, **49(2):** 186197.

Arauz, L.F. 2000. Antracnose da manga: Impacto económico e opções actuais de gestão integrada. *Plant Dis.*, **84:** 600-611.

Awa, O.C., Samuel, O., Oworu, O.O. e Sosanya, O. 2012. Primeiro relatório de antracnose de frutos em manga causada por *Colletotrichum gloeosporioides* no sudoeste da Nigéria. *Int. J. Sci. Tech. Res.*, **4(1):** 64-69.

Bailey, J.A. e Jeger, M.J. 1992. *Colletotrichum: Biology, Pathology and Control.* Commonwealth Agricultural Bureau International (CABI), Wallingford, Reino Unido, 388 p.

Baker, B., Zambryski, P., Staskawicz, B. e Dineshkumar, S.P. 1997. Signaling in plant-microbe interactions (Sinalização nas interações planta-micróbio). *Science*, **276:** 726-733.

Ballio, A., Botallicao, A., Buonocore, V., Carilli, A., Divittoria, V. e Graniti, A. 1969. Produção e isolamento de aspergilomarasmina-B (ácido Lycomarasmic) de *Colletotrichum gloeosporioides* (*Gloeosporium olivarum*). *Phytopathol. Mediterr.*, **8:** 187-196.

Bem, A.A., Terna, T.P., Iyoula, F.I., Waya, J.I., Orpin, J.B. e Manir, N. 2013. Estudos preliminares sobre a produção e purificação parcial de toxinas associadas à doença do alcatrão negro do inhame (*Dioscorea Species*) em Makurdi, Estado de Benue, Nigéria. *J. Envi. Sci. Tox. Food Tech.*, **3(3):** 85-89.

Benyahia, H., Jrifi, A., Smaili, C., Afellah, M. e Timmer, L.W. 2003. Primeiro relatório de *Colletotrichum gloeosporioides* causando murchidão em galhos e mancha de lágrima na fruta de citros em Marrocos. *Plant Pathology*, **52**:798-801.

Betina, V. 1984. *Mycotoxins: Production, Isolation, Separation and Purification.* Elsevier Sci. Publ., Nova Iorque, 121 p.

Boyetchko, S.M. 1999. Aplicações inovadoras de agentes microbianos para o controlo biológico de infestantes. In: *Biotechnological Approaches in Biocontrol of Plant Pathogens.* K.G. Mukerji, (Eds.), Kluwer Academic Plenum publishers, Nova Iorque, EUA, pp. 73-97.

Buddenhangen, I. e Kilman, A. 1964. Aspeto biológico e fisiológico da murchidão bacteriana causada por *Pseudomonas solanecearum. Annu. Rev. Phytopath,* **2**: 203-230.

Bungihan, M.E.B., Tan, M.A., Kogure, N., Kitajima, M., Cruz, T.E.E., Takayama, H. e Nonato, M.G.A. 2013. Novo macrolídeo isolado do fungo endofítico *Colletotrichum* spp. *Philip. Sci. Lett.,* **6(1):** 13-16.

Chandrasekharan, M.N. e Ramakrishnan, K. 1973. Produção de metabolitos tóxicos por *Colletotrichum capsici* (syd) Butler e Bisby e o seu papel na doença da mancha foliar da curcuma. *Curr. Sci.,* **47:** 362-363.

Dasgupta, B. 1986. Role of toxin secreted by *Colletotrichum capsici* on the expression of leaf spot symptoms in betel vine. *J. Plantation Crops,* **14:** 3641.

Djadid, N.D., Gholizadeh, S., Aghajari, M. e Zehi, A.H. 2006. Análise genética dos loci rDNA-ITS2 e RAPD em populações de campo do vetor da malária, *Anopheles stephensi* (Diptera: Culicidae): implicações para o programa de controlo no Irão. *Ata Trop.* **97**: 65-74.

Droby, S. 2006. Melhoria da qualidade e segurança de frutos e legumes frescos após a colheita através da utilização de agentes de biocontrolo e materiais naturais. *Ata Horticul.,* **709:** 45-51.

Eckert, J.W. e Ogawa, J.M. 1985. O controlo químico das doenças pós-colheita: frutos subtropicais e tropicais. *Ann. Rev. Phytopathol*, **23**: 421-454.

Ekbote, S.D., Padaganur, G.M., Patil, M.S. e Chattannavar, S.N. 1997. Estudos sobre os aspectos culturais e nutricionais de *Colletotrichum gloeosporioides*, o organismo causal da antracnose da manga. *J. Mycol. Plant Pathol.*, **27**: 229-230.

Freeman, S., Katan, T. e Shabi, E. 1998. Caracterização de espécies de *Colletotrichum* responsáveis pela doença da antracnose de vários frutos. *Plant Dis.*, **82**: 596-605.

Gaumann, E. 1950. *Principles of Plant Infection*. Hefner Publishers, Nova Iorque, 561 p.

Goddard, R., Hatton, I.K., Howard, J.A., Macmillan, K.J. e Simpson, T.J. 1979. Produtos fúngicos, Parte 22. Raio X e estrutura molecular do monoacetato de colletotrichins. *J. Chem. Soc. Perkn. Trans.*, **1**: 1494-1498.

Gohbara, M., Hyeon, S.B., Suzuki, A. e Tamura, S. 1976. Isolamento e elucidação da estrutura da colletopyrone de *Colletotrichum nicotianae*. *Agrl. Biol. Chem.*, **40**: 1453-1455.

Gohbara, M., Kosuge, Y., Yamasaki, S., Kimura, Y., Suzuki, A. e Tamura, S. 1978. Isolamento, estruturas e actividades biológicas de colletotrichins, substâncias fitotóxicas de *Colletotrichum nicotianae*. *Agrl. Biol. Chem.*, **42**: 1037-1043.

Goodman, R.N. 1960. Colletotina, uma toxina produzida por *Colletotrichum fuscum* Laub. *Phytopathol. Z.*, **37**: 187-194.

Grove, J.F., Speake, R.N. e Ward. G. 1966. Metabolic products of *Colletotrichum capsici*: Isolation and characterization of acetyl-colletotrichin and colletodial. *J. Chem. Soc.*, **35**: 230-234.

Gunawan, L.W., Tjitrosomo, S.S. e Pawirosoemardjo, S. 1988. Efeito da toxina bruta produzida por *Colletotrichum gloeosporioides* na viabilidade celular em plantas de borracha e tomate *Hevea*. *Bull. Perkaretan*, **6**: 12-20.

Hayashi, N., Tanabe, K., Tsuge, T., Nishimura, S., Kohmoto, K. e Otani, H. 1990. Determinação da toxina selectiva do hospedeiro durante a germinação de esporos de *Alternaria alternate* por cromatografia líquida de alta eficiência. *Phytopathology*, **88**: 1088-1091.

He, G., Matsuura, H. e Yoshihara, T. 2004. Isolamento do derivado de α-metileno-γ-butirolactona, uma toxina do fitopatógeno *Lasiodiplodia theobromae*. *Phytochemistry*, **65**: 2803-2807.

Heisey, R.M., Deprank, J. e Putnam, A.R. 1985. A survey of soil microorganisms for herbicidal activity. In: *The Chemistry of Allelopathy*. A.C. Thompson (Eds.), *Am. Chem. Soc.*, Washington, 458 p.

Hiremath, S.V., Hiremath, P.C. e Hedge, R.K. 1993. Estudos sobre os caracteres culturais de *Colletotrichum gloeosporioides*, um agente causal da praga de Shisham. *Kar. J. Agric. Sci.*, **6**: 30-32.

Hulme, A.C. 1971. The mango, In: *The Biochemistry of Fruits and their Products*, Vol. 2. A.C. Hulme, (Eds.), Academic Press, Londres, pp. 233-254.

Ibrahim, A.D., Sani, A., Manga, S.B., Aliero, A.A., Joseph, R.U., Yakubu, S.E. e Ibafidon, H. 2011. Perfil de metabolitos voláteis para discriminar doenças de frutos de tomate inoculados com três agentes patogénicos fúngicos toxigénicos. *Res. Biotech.*, **2(3)**: 14-22.

IHD, 2015. Base de dados hortícola indiana, [em linha]. Disponível: http://www.ihd.org.in. [Acedido em: 12th May, 2016, 10:19 P.M].

Jayakumar, V. 2004. Estudos sobre o controlo biológico da podridão vermelha da cana-de-açúcar (*Saccharum officinarum* L.) causada por *Colletotrichum falcatum* Went. Tese de doutoramento, Universidade Agrícola de Tamil Nadu, Coimbatore, Índia, 193 p.

Jayasankar, S. e Litz, R.E. 1998. Caracterização da resistência em culturas embriogénicas de manga selecionadas contra o filtrado de cultura de

Colletotrichum gloeosporioides. Theor. Appl. Genet, **96**: 823-831.

Jayasankar, S., Litz, R.E., Gray, D.J. e Moon, P.A. 1999. Resposta de culturas embriogénicas de manga e bioensaios de plântulas a uma fitotoxina parcialmente purificada produzida por um isolado de folhas de manga de *Colletotrichum gloeosporioides* Penz. *In Vitro Cell Dev. Biol. Plant.*, **35**: 475-479.

Jeffries, P., Dodd, J.C., Jeger, M.J. e Plumbley, R.A. 1990. The biology and control of *Colletotrichum* species on tropical fruit crops. *Plant Pathol,* **39**: 343-366.

Jeyalakshmi, C. e Seetharaman, K. 1999. Estudos sobre a variabilidade dos isolados de *Colletotrichum capsici* (Syd.) Butler e Bisby que causam a podridão dos frutos da malagueta. *Crop Res.*, **17**: 94-99.

Johnson, G. e Coates, L.M. 1993. Doenças pós-colheita da manga. *Post Harv. News Inform.*, **4**: 27-34.

Juliano, J.B. 1937. Embriões da manga do Carabao (*Mangifera indica* Linn.). *Philip. Agricultor,* **25**: 749-760.

Kamle, M., Pandey, B. K., Kumar, P. e Muthukumar, M. 2013. Um ensaio baseado em pcr específico da espécie para deteção rápida do patógeno da antracnose da manga *Colletotrichum gloeosporioides* Penz. e Sacc. *J Plant Pathol. Microbiol.*, **4** (6): 1-5.

Kashima, T., Takahashi, K., Matsuura, H. e Nabita, K. 2009. Biossíntese da lactona de ácido resorcílico lasiodiplodina em *Lasiodiplodia theobromae. Biosci. Biotechnol. Biochem.*, **73(5)**: 1118-1122.

Kausar, P., Chohan, S. e Parveen, R. 2009. Estudos fisiológicos sobre *Lasiodiplodia theobromae* e *Fusarium solani*, a causa do declínio de Shesham. *Mycopath.*, **7(1)**: 35-38.

Khanzada, M.A, Rajput A.Q. e Shahzad, S. 2006. Effect of medium, temperature, light and inorganic fertilizers on *in vitro* growth and sporulation of *Lasiodiplodia theobromae* isolated from mango. *Pak.J. Bot.*, **38**: 885-889.

Kimura, Y., Inoue, T. e Tamura, S. 1973. Isolamento de 2-pyruvaylamino benzamide como uma anti auxina de *Colletotrichum lagenarium*. *Agric. Biol. Chem.*, **37**: 2213-2214.

Knapp, J. e Chandlee, J. M. 1996. Isolamento duplo rápido e em pequena escala de RNA e DNA de uma única amostra de tecido de orquídea. *Biotechniques*, **21**:54-55.

Kolomiets, T., Skatenok, O., Alexandrova, A., Mukhina, Z. e Matveeva, T. 2008. Primeira notificação de antracnose de *Salsola tragus* causada por *Colletotrichum gloeosporioides* na Rússia. *Plant Dis.*, **92(9)**: 54-63.

Korsten, L. 2004. Biological control in South Africa: can it provide a sustainable solution for control of fruit diseases. *S. A. J. Bot.*, **70**: 128-139.

Kroschel, J. e Elzein, A. 2003. Efeito bioherbicida da fumonisina B1, um metabolito fitotóxico produzido naturalmente por *Fusarium nygamai*, em infestantes parasitas do género *Striga*. *Biocont. Sci. Technol.*, **14(2)**: 117-128.

Latha, P. 2009. Gestão ecologicamente sustentável da doença da podridão do colo e da raiz (*Lasiodiplodia theobromae* (Pat.) Griffon & Maubal.) no pinhão manso (*Jatropha curcas* Linn.) Tese de doutoramento, Universidade Agrícola de Tamil Nadu, Coimbatore, Índia, 189 p.

Lee, S.L. e Taylor, J.W. 1992. Filogenia de cinco espécies de *Phytophthora* protoctistan semelhantes a fungos, inferida a partir dos espaçadores transcritos internos do ADN ribossómico. *Mol. Biol. Evol.* **9**, 636-653

Li, W.H. 1997. Molecular evolution, Sinauer Associates, Sunderland, MA

Lynch, J.M. e Clark, S.J. 1984. Effects of microbial colonization of barley (*Hordeum vulgare* L.) roots on seedling growth. *J. Appl. Bacteriol.*, **56**: 47-52.

MacLean, D.J., Braithwaite, K.S., Manners, J.M. e Irwing, J.A.G. 1993. Como identificar e classificar os agentes patogénicos fúngicos na era da análise do ADN. *Adv. Plant Pathol.* **10**, 207-244.

Mahmood, A. 2008. Studies on characterization and management of *Lasiodiplodia theobromae* (Pat.) Griff & Maubl. associated with quick decline of mango, University of the Punjab, Lahore, Pakistan.**60p.**

Malathi, P., Viswanathan, R., Padmanaban. P., Mohanraj, D. e Ramesh Sundar, A. 2002. Desintoxicação microbiana da toxina *de Colletotrichum falcatum. Curr. Sci.,* **83(6):** 745-748.

Malik, M.T., Rahman, M., Yasmin T., Dasti, A.A., Khan, S.M. e Zafar, Y. 2005. Diversidade genética entre isolados *de Botryodiplodia theobromae* que causam a podridão do colo/tronco da mangueira no Paquistão. Proc. da Conferência Internacional sobre a Cultura e a Exportação da Manga e da Tamareira: Cultura e Exportação. 23-25 de junho, Univ. of Agriculture, Faisalabad. pp. 142-150.

Manjunath, H. 2009. Caracterização morfológica e molecular de *Alternaria alternata* e *Colletotrichum gloeosporioides* incidentes na praga das folhas e na antracnose do noni e sua gestão, *M.Sc.(Ag.),* Tese, Tamil Nadu Agricultural University, Coimbatore, Índia, 222 p.

Manonmani, A., Townson, H., Adeniran, T., e Jambulingam, P. 2001. rDNA-ITS- 2 polymerase chain reaction assay for the sibling species of *Anopheles fluviatilis. Ata Trop.* **78**: 3-9.

Mario, A., Alves, D.C., Janaina, A.T., Raphael, C.I., Roney, R.B., Patricia, T.M., Avelina, A.I.F., Zuleica, B.F., Robert, F.H.P., Neelum, K. e Aneli, M.B. 2012. Lasiodiplodan, um (1-6)-b-D-glucano exocelular de *Lasiodiplodia theobromae* MMPI: produção em glicose, cinética de fermentação, reologia e atividade antiproliferativa. *J. Ind. Microbiol. Biotechnol.,* **12:** 1112-1127.

Martin, K.J. e Rygiewicz, P.T. 2005. Primers PCR específicos para fungos desenvolvidos para análise da região ITS de extractos de ADN ambientais. *BMC Microbiology* **5** (28).

Masatoshi, G., Kosuge, Y., Suano, Y., Zusuki, A. e Tamora, S. 1978. Isolamento e elucidação da estrutura da colletopyrone de *Colletotrichum nicotianae. Agric.*

Biochem, **40:** 1037-1043.

Mathur, K. 1995. Bioensaio de filtrados de cultura de isolados de *Colletotrichum capsici* em sementes, plântulas e frutos de malagueta. *J. Mycol. Pl. Pathol.,* **25:** 195-197.

Matsuura, H., Nakamori, K., Omer, E.A., Hatakeyama, C., Yoshihara, T. e Itchihara, A. 1999. Três lasiodiplodinas de *Lasiodiplodia theobromae* IFO 20948. *Phytochemistry,* **49(2):** 579-584.

Matsuura, H., Nakamori, K., Omer, E.A., Hatakeyama, C., Yoshihara, T. e Itchihara, A. 1999. Três lasiodiplodinas de *Lasiodiplodia theobromae* IFO 20948. *Phytochemistry,* **49(2):** 579-584.

Meer, H., Shazia, I., Iftikhar, A., Faisal, S.F. e Munawar, R.K. 2013. Identificação e caraterização de patógenos fúngicos pós-colheita de manga dos mercados domésticos de Punjab. *Int. J. Agron. Plant Prod.,* **4(4):** 650-658.

Michaela, S., Mette, L., Thomas, S., Luis, F. C. M., Solveig, D., Dan., F. J. e Kenneth, M. O. 2006. Duas subpopulações de *Colletotrichum acutatum* são responsáveis pela antracnose do morangueiro e do feto-de-couro na Costa Rica. *Eur. J. Plant Pathol,* **116:** 107-118.

Moalemiyan, M., Vikram, A. e Kushalappa, A.C. 2007. Deteção e discriminação de duas doenças fúngicas de frutos de manga (cv. Keitt) com base em perfis de metabolitos voláteis utilizando GC/MS. *Postharvest Biol. Technol.* **45:** 117125.

Mohanraj, D., Padmanaban, P. e Karunakaran, M. 2003. Efeito da fitotoxina de *Colletotrichum falcatum* Went. (*Physalospora tucumanensis*) na cana-de-açúcar em cultura de tecidos. *Ata Phytopathol. Entomol. Hung.,* **38:** 21-28.

Muirhead, I.F. e Grattidge, R. 1984. Doenças pós-colheita da manga. In: *The Queens land Experience, Proc. I^{st} Australian Res. Workshop Cairns,* CSIRO, Queens land, pp. 248-252.

Mukherjee, S.K. 1971. Origem da manga (*Mangifera indica*). *Simpósio sobre a*

Origem das Plantas Cultivadas no $^{11^o}$*Congresso Internacional de Botânica*, pp. 260-264.

Nair, M.C. e Ramakrishnan, K. 1973. Produção de metabolitos tóxicos por *Colletotrichum capsici* (Syd.) Butler e Bisby e o seu papel na mancha foliar da curcuma. *Curr. Sci.*, **42:** 362-363.

Nakamura, M., Hayasaki, Y., Ryosho, S. e Iwai, H. 2008. Antracnose da palmeira belmore sentry (*Howea belmoreana* Becc.) causada por *Colletotrichum gloeosporioides* Penz. *J. Gen. Pl. Pathol.*, **74:** 86-87.

Nandinidevi, S. 2008. Estudos sobre as doenças foliares do antúrio (*Anthurium andreanum* lind. Ex andre). *M.Sc. (Ag.)*, Tese, Universidade Agrícola de Tamil Nadu, Coimbatore, Índia, 168 p.

Narain, A. e Das, D.C. 1970. Toxin production during pathogenesis of *Colletotrichum capsici* causing anthracnose of chillies. *Indian Phytopathol*, **23:** 484-490.

Neergaard, P. 1979. *Seed Pathology*. Macmillan Press, Inglaterra, 893 p.

Nelson, S.C. 2008. Antracnose da manga (*Colletotrichum gloeosporioides*). *M.Sc. (Ag.)*, Tese, Departamento de Ciências de Proteção das Plantas, Universidade do Havai, 184 p.

Ni, H.F., Yang, H.R., Chen,R.S., Liou, R.F. e Hung, T.H. 2012. Nova Botryosphaeriaceae podridão de frutos de manga em Taiwan: identificação e patogenicidade. *Botanical Studies*, **53:** 467-478.

Nyange, N.E., Williamson, B., Mcnico, L., Lyon, R.J.G.D. e Hackett, A. 1995. Seleção *in vitro* de calos de *Coffea arabica* para resistência a filtrados de cultura fitotóxicos parcialmente purificados de *Colletotrichum kahawae. Ann. Appl. Biol.*, **127:** 425-439.

Ohra, J., Morita, K.I., Tsujino, Y., Tazaki, H., Fujimori, T., Goering, M., Evans, S. e Zorner. P. 1995. Produção de um metabolito fitotóxico, a ferricrocina, pelo fungo *Colletotrichum gloeosporioides. Bio. Sci. Biotechnol. Biochem.*, **59:** 113-

114.

Olufolaji, D.B. e Bamgboye, A.O. 1986. Produção, caraterização parcial e bioensaio da toxina do fungo *Physalospora tucumanensis* Speg. fungo da podridão vermelha da cana de açúcar. *Cryptogamie. Mycol.*, **7:** 331-334.

Onyeani, C.A., Osunlaja, S.O., Owuru, O.O. e Sosanya, O.S. 2012. Antracnose do fruto da manga e os efeitos no rendimento da manga e nos valores de mercado no sudoeste Nigéria. *Asian J. Agric. Res.*, **6(4):** 171-179.

Ouyang, F., Xie, B.Y., Ouyang, B.Y. e Liu, F.C. 1993. Toxina *de Colletotrichum capsici. Ata Mycol. Sin.*, **12(4):** 289-296.

Palo, M.A. 1932. A antracnose e uma importante praga de insectos da manga nas Filipinas, com um relatório sobre experiências de pulverização das flores. *The Philip. J. Sci.*, **48:** 209-235.

Pandey, A., Pandey, B.K., Muthukumar, M., Rajan, S., Yadava, L.P. e Chauhan, U.K. 2011. Rastreio *in vitro* da resistência à antracnose (*Colletotrichum gloeosporioides*) em diferentes híbridos de manga (*Mangifera indica*). *Tunisian J. Plant Prot.*, **6:** 99-108.

Pandey, A., Pandey, B.K., Muthukumar. M., Yadava, P. e Chauhan, U.K. 2012. Estudo histopatológico do processo de infeção de *Colletotrichum gloeosporioides* Penz & Sacc em *Mangifera indica*. L. *Plant Pathol. J.*, **11(1):** 18-24.

Patil, B.K. e Moniz, L. 1973. Crescimento e esporulação de *Colletotrichum capsici* em diferentes meios de cultura. *Res. J. Mahatma Phule Agric. University*, **4:** 62-66.

Phipps, P.M. e Porter, D.M. 1998. Podridão do colo do amendoim causada por *Lasiodiplodia theobromae. Plant Dis.*, **82:** 1205-1209.

Pitkethley, R. e Conde, B. 2007. Antracnose da manga. *Agnote*, **123:** 1-2.

Ploetz, R.C., Benscher, D., Vazquez, A., Colls, A., Nagel, J. e Schaffer, B. 1996. A reexamination of mango decline in Florida. *Plant Dis.*, **80:** 664-668.

Popenoe, W. 1927. *Manual of Tropical and Sub tropical Fruits*. The Macmillan Co.,

Nova Iorque, 474 p.

Prakash, O. e Srivastava, K.C. 1987. *Mango Diseases and their Management - A World Review*. Tommorow's Printer, Nova Deli, Índia, 342 p.

Prema Ranjitham.T., Prabakar, K., Faisal, M.P., Karthikeyan, G. e Raguchander, T. 2011. Caracterização morfológica e fisiológica de *Colletotrichum musae*, o organismo causal da antracnose da banana. *World Journal of Agricultural Sciences.*, **7 (6):** 743-754.

Pringle, R.B. e Scheffer, R.P. 1964. Toxinas vegetais específicas do hospedeiro. *Ann. Rev. Phytopathol,* **2**, 133-156.

Prusky, D. e Lichter, A. 2007. Ativação de infecções quiescentes por agentes patogénicos pós-colheita durante a transição da fase biotrófica para a necrotrófica. *FEMS Microbiol. Lett.,* **268:** 1-8.

Punithalingam, E. 1979. Doenças das plantas atribuídas a *Botryodiplodia theobromae. J. Cramer Germany,* **1:** 12-23.

Quroshi, S.U. e Meah, M.B. 1991. Estudos sobre os aspectos fisiológicos de *Botryodiplodia theobromae* Pat., que causa a podridão da extremidade do caule da manga. *Bangladesh J. Bot.,* **20(1):** 49-54.

Rajasekharan, R., Ram, J., Rodrigues, P., Rosaline, S.A., Reddy, S. e Sairam, P. 2001. Herbicida que inclui fitotoxinas de *Lasiodiplodia theobromae,* sua produção e utilização. *Número(s) da(s) patente(s) WO 01/70033 A1;US 6277786;AU 0110519 A5.* Patente Assignee(s) Indian Institute of Science; Nagarjuna Holdings Private Limited.

Ramesh Sundar, A., Viswanathan, R., Padamanaban, P. e Mohanraj, D. 1999. Estudos sobre a possível utilização da toxina patogénica como marcador molecular para a resistência à podridão vermelha na cana-de-açúcar. *Ata Phytopathol. Entomol. Hung.,* **34:** 211-217.

Rice, E.L. 1995. *Biological Control of Weed and Plant Diseases*. Advances in applied allelopathy. Vol. 2. University of Oklahoma Press, Norman, 276 p.

Ricker, A.J. e Ricker, R.S. 1936. *Introduction to Research on Plant Disease*. John S. Swift Co., Nova Iorque, 117 p.

Saha, T., Kumar, A., Ravindran, M., Jacob, C.K., Roy, B. e Nazeer, M.A. 2002. Identification of *Colletotrichum acutatum* from rubber using random amplified polymorphic DNAs and ribosomal DNA polymorphisms. *Mycol. Res.,* **106**(2) 215-21.

Salunkhe, D.K. e Desai, B.B. 1984. *Post-harvest Biotechnology of Fruits*, CRC, Boca Raton, F.L, 168 p.

Sangchote, S. 1988. *Botryodiplodia* stem end rot of mango and its control. Kasetsart, *J. Natural Sciences,* **22(5):** 67-70.

Sarkar, K.M.A.S., Alam, M.M., Rahman, M. e Bhuiyan, M.G.K. 2011. Perdas pós-colheita na cadeia de valor da manga. *Int. J. Bio. Res.,* **10:** 25-31.

Sathya, K. 2013. Estudos sobre a gestão dos principais agentes patogénicos pós-colheita da manga. *M.Sc. (Ag.),* Tese, Universidade Agrícola de Tamil Nadu, Coimbatore, Índia, 359 p.

Sattar, A. e Malik, S.A. 1939. Alguns estudos sobre a antracnose da manga causada por *Glomerella cingulata* (Stonem.) Spauld. Sch. (*Colletotrichum gloeosporioides* Penz.). *Indian J. Agric. Sci.,* **1:** 511-521.

Scheffer, R.P. 1983. Toxina como determinante químico de doenças de plantas. In: *Toxin and Plant Pathogenesis*, J.M. Daly e B.J. Deverall, (Eds.), Academic press of Australia, Sydney, pp. 1-40.

Scheffer, R.P. e Livingston, R.S. 1980. Sensibilidade de clones de cana-de-açúcar à toxina de *Helminthosporium sacchari* determinada pelo vazamento de eletrólitos. *Phytopathology,* **70:** 400-404.

Sheriff, C., Whelan, M.J., Arnold, G.M. e Bailey, J.A. 1995. rDNA sequence analysis confirms the distinction between *Colletotrichum graminicola* and C.

sublineolum . *Micol. Res.* **99**, 475-478.

Simmonds, J.H. 1965. Um estudo das espécies de *Colletotrichum* que causam podridões de frutos maduros em Queensland. *Queensland J. Agric. and Animal Sci.,* **22:** 437-439.

Singh, D. e Sharma, R.R. 2007. Doenças pós-colheita de frutas e legumes e sua gestão. In: *Sustainable Pest Management*, D. Prasad, (Eds.), Daya Publishing House, New Delhi, India, 121 p.

Singh, R.N. 1996. *Mango.* ICAR, Nova Deli, 89 p.

Sivanesan, A. 1984. Os ascomicetes bitunicados e seus anamorfos. *J. Cramer Vadz*, 701.

Stevens, F.L. e Pierce, A.S. 1933. Fungi from Bombay. *Indian J. Agric. Sci.,* **3:** 912916.

Sutton, B.C. 1980. Os *Coelomicetos.* Fungi imperfecti with pycnidia, acervuli and stromata. Commonwealth Mycological Institute, Kew, Surrey, U.K., 696 p.

Sutton, B.C. 1992. O género *Glomerella* e o seu anamorfo *Colletotrichum.* In: *Colletotrichum: Biology, Pathology and Control.* J.A. Bailey e M.J. Jeger, (Eds.), Commonwealth Agricultural Bureau International (CABI), Wallingford, Reino Unido, pp. 121-179.

Tanaka, S. 1993. Estudos sobre a doença da mancha negra das peras japonesas (*Pyrus serotina*). *Mem. Coll. Agric. Kyoto Imp. Univ. de Kyoto,* **28:** 1-31.

Tovar-pedraza, J.M., Mora-aguilera, J.A., Nava-diaz, C., Teliz-ortiz, D., Valdovinos-ponce, G., Villegas-monter, A. e Hernandz-morales, J. 2012. Identificação, patogenicidade e histopatologia de *Lasiodiplodia theobromae* em enxertos de mamey sapote em Guerrero, México. *Agrociencia,* **46:** 147-161.

Vangnai, V. e Kosiyachinda. S. 1985. Avaliação da perda pós-colheita de mangas. Apresentado na [17]ª reunião do Grupo de Trabalho sobre Horticultura, 3-6 de setembro de 1985, Bundung, Indonésia.

Vavilov, N.L. 1949. A origem, variação, imunidade e reprodução das plantas cultivadas. *Chron. Bot.*, **13:** 13-26.

Venkadaravannapa, V., Nargand, N.B. e Laxminarayanareddy, C.N. 2007. Variação na produção de metabolitos secundários tóxicos por isolados *de Colletotrichum gloeosporioides* que causam antracnose da manga. *J. Plant Prot. Environ.*, **4(2):** 34-40.

Verhoeff, K. 1974. Infeção latente por fungos. *Ann. Rev. Phytopathol,* **12:** 99-109.

Vidhyasekaran, P., Ruby Ponmalar, T., Samiyappan, R., Velazhahan, R., Vimala, R., Ramanathan, A., Paranidharan, V. e Muthukrishnan, S. 1997a. Produção de toxina específica do hospedeiro por *Rhizoctonia solani*, o agente patogénico do míldio da bainha do arroz. *Phytopathology,* **87:** 1258-1263.

Viswanathan, R., Mohanraj, D., Padmanaban, P. e Alexander, K.C. 1996. Accumulation of 3-deoxyanthocyanidin phytoalexins luteolinidin and apigeninidin in sugarcane in relation to red-rot disease. *Indian Phytopath,* **49:** 174-175.

Vivekananthan, R., Ravi, M., Ramanathan, A., Kumar, N. e Samiyappan, R. 2006. A aplicação pré-colheita de uma nova formulação de biocontrolo induz resistência à antracnose pós-colheita e aumenta a produção de frutos em Mango. *Phytopath. Medi.,* **45:** 126-138.

Von Arx, J.A. 1957. Die Arten der Gattung *Colletotrichum* Corda. *Phytopathol. Z.,* **29:** 413.

Walker, H.L. e Templeton, G.E. 1978. Produção *in vitro* de metabolitos fitotóxicos por *Colletotrichum glocosporioides* f. sp. *aeschynomenes. Plant Sci. Lett.,* **29:** 91-96.

Walton, J.D. e Earle, E.D. 1984. Characterization of the host-specific phytotoxin victorin by high pressure liquid chromatography. *Plant Sci. Lett.,* **34:** 231238.

Wang, J. 1986. Produção *in vitro* de toxina por *Colletotrichum camelliae* Massee. *Ata*

Phytophylacica Sin., **13:** 151-157.

White, T.J., Bruns, T., Lee, S. e Taylor J. (1990). Amplificação e sequenciação direta de genes de ARN ribossómico de fungos para filogenias. In: *Protocolos de PCR: A guide to methods and applications* (Innis, M.A., Gelfand, D.H., Sninsky, J.J., White, T.J., eds). Academic Press, San Diego: 315-322.

Xiao, C.L., Mac Kenzie,S.J. and Legard,D.E.,2004.Genetic and pathogenic analyses of Colletotrichum gloeosporioides from strawberry and non cultivated hosts. *Phytopathol,* **94:** 446-453.

Yaguchi, Y. 1996. Estudos sobre a podridão da extremidade do caule da papaia causada por *Lasiodiplodia theobromae* e seu controlo. Memoirs of the Tokyo University of Agriculture, Vol. XXXVII, pp. 8-12.

Yoshida, S., Hiradate, S., Fujii Y. e Shirata, A. 2000. *Colletotrichum dematium* produz fitotoxinas em lesões de antracnose de folhas de amoreira. *Phytopathology,* **90:** 285-291.

Yuan Wang, Huey, J.B., Hui, L.L. e Kuang, R.C. 2009. Factores que afectam a produção de fitotoxina de elsinocromo pelo agente patogénico da sarna dos citrinos, *Elsinoe fawcettii. The Open Mycol. J.,* **3:** 1-8.

Zambettakis, E.C. 1954. Recherrches sur la sytematique des "Sphaeropsidales - Phaeodidymae". *Bull. Trimmest. Soc. Mycol. Fr.,* **70:** 219-349.

Zhang, G.M., Fang, B.H., Chen, H. e Li, X.L. 2012. Caraterísticas da toxina extraída da cultura líquida de *Colletotrichum capsici* f. sp. *nicotianae. Appl. Biochem. Biotechnol.,* **167:** 52-61.

Zhu, S.J. 2006. Abordagens não químicas para o controlo da podridão em frutos pós-colheita. In: *Advances in Postharvest Technologies for Horticultural Crops (Avanços em tecnologias pós-colheita para culturas hortícolas).* B. Noureddine e S. Norio, (Eds.), Research Signpost, Trivandrum, Índia, pp. 297-313.

Zivkovic, S., Stojanovic, S., Ivanovic, Z., Gavrilovic, V., Oro, V. e Balaz, J. 2009. Inibição *in vitro* de *Colletotrichum acutatum* e *Colletotrichum gloeosporioides* por antagonistas microbianos. 6th Balkan Congress of Microbiology, Ohrid, Macedónia, Livro de Resumos, pp. 164-165.

ANEXO

A) Composição de diferentes meios sólidos e caldos líquidos

1. Meio de ágar dextrose de batata

Batata (descascada e cortada às rodelas)	:	200 g
Dextrose	:	20 g
Ágar-ágar	:	20 g
Água destilada	:	1000 ml
pH	:	6,0 a 6,5

2. O caldo dox do Czapek

Sacarose	:	30 g
Nitrato de sódio	:	2 g
Hidrogénio fosfato dipotássico	:	1 g
Sulfato de magnésio	:	1 g
Cloreto de potássio	:	0.5 g
Sulfato ferroso	:	0.01g
Ágar-ágar	:	20 g
Água destilada	:	1000 ml
pH	:	6,8 a 7,0

3. O caldo do Richard

Nitrato de potássio	:	10 g
Di-hidrogenofosfato de potássio	:	5 g
Sulfato de magnésio	:	2.5 g
Cloreto férrico	:	0.02 g
Sacarose	:	50 g
Água destilada	:	1000 ml

| pH | : | 6,6 a 7,2 |

4. Meio de ágar nutriente

Extrato de carne de bovino	:	3 g
Peptona	:	5 g
Cloreto de sódio	:	5 g
Ágar-ágar	:	15 g
Água destilada	:	1000 ml
pH	:	5,0 a 6,2

5. Meios de comunicação dos reis

Peptona	:	20 g
Hidrogénio fosfato dipotássico	:	1.5 g
Sulfato de magnésio	:	1.5 g
Glicerol	:	10 ml
Ágar-ágar	:	20 g
Água destilada	:	1000 ml
pH	:	6,6 a 7,2

6. Caldo de extrato de levedura de peptona

Peptona	:	20 g
Hidrogénio fosfato dipotássico	:	1.5 g
Sulfato de magnésio	:	1.5 g
Glicerol	:	10 ml
Ágar-ágar	:	20 g
Água destilada	:	1000 ml
pH	:	6,6 a 7,2

7. Caldo de sacarose de extrato de levedura

| Extrato de levedura | : | 20 g |
| Sacarose | : | 150 g |

Sulfato de magnésio : 0.5 g

Água destilada : 885 ml

pH : 6,6 a 7,2

Tabela 1. Virulência de isolados de *Colletotrichum gloeosporioides* em manga

S.No	Isolates of *C. gloeosporioides*	PDI*
1.	CG1	33.33^e (34.85)
2.	CG2	83.33^a (64.64)
3.	CG3	50.00^c (44.42)
4.	CG4	33.33^e (34.85)
5.	CG5	25.00^f (29.67)
6.	CG6	50.00^c (44.42)
7.	CG7	41.67^d (39.72)
8.	CG8	41.67^d (39.72)
9.	CG9	33.33^e (34.85)
10.	CG10	33.33^e (34.85)
11.	CG11	58.33^b (49.12)
12.	CG12	41.67^d (39.72)
13.	CG13	25.00^f (29.66)
14.	CG14	41.67^d (39.72)
15.	CG15	41.67^d (39.72)
16.	CG16	41.67^d (39.72)
17.	CG17	25.00^f (29.66)
18.	CG18	33.33^e (34.85)
19.	CG19	25.00^f (29.66)
20.	CG20	33.33^e (34.85)

1Média de três repetições

Numa coluna, as médias seguidas de uma letra comum não são significativamente diferentes ao nível de 5% pelo DMRT; os valores entre parênteses são valores transformados em arco-seno.

Tabela 2.   Virulência de isolados _de Lasiodiplodia theobromae_ em manga

S.No	Isolates of _L. theobromae_	PDI*
1.	LT1	58.33[b] (24.09)
2.	LT2	50.00[c] (23.84)
3.	LT3	50.00[c] (23.84)
4.	LT4	25.00[e] (49.79)
5.	LT5	33.33[e] (34.85)
6.	LT6	50.00[c] (23.84)
7.	LT7	25.00[e] (49.79)
8.	LT8	41.67[d] (30.33)
9.	LT9	25.00[e] (49.79)
10.	LT10	16.67[f] (45.57)
11.	LT11	50.00[c] (23.84)
12.	LT12	25.00[e] (49.79)
13.	LT13	25.00[e] (49.79)
14.	LT14	75.00[a] (44.42)
15.	LT15	50.00[c] (23.84)
16.	LT16	41.67[d] (39.72)

1Média de três repetições

Numa coluna, as médias seguidas de uma letra comum não são significativamente diferentes ao nível de 5% pelo DMRT; os valores entre parênteses são valores transformados em arco-seno.

Tabela 3. Caracteres culturais de *Colletotrichum gloeosporioides* cultivados em meio PDA

Isolate	Colony colour	Topography	Margin	Days taken to cover Petri plate	Pigmentation	Zonation	Sporulation
CG1	White	Flat	Smooth	14	No	No	+
CG2	Greyish white	Raised, fluffy	Smooth	10	No	No	+++
CG3	Whitish grey	Raised	Smooth	14	Black	No	+
CG4	Greyish white	Medium Raised	Smooth	12	No	No	+
CG5	Black, powdery	Medium raised	Smooth	12	No	Concentric	+
CG6	Whitish grey	Medium raised	Smooth	12	No	Concentric	+
CG7	White	Flat, branched, ornamental	Irregular	11	No	No	+
CG8	Whitish grey	Raised, fluffy	Smooth	14	No	No	+
CG9	Whitish grey	Raised ,fluffy	Irregular	15	No	Concentric	+
CG10	Grey	Medium raised	Irregular	12	No	No	+
CG11	Whitish grey	Raised ,fluffy	Smooth	15	No	No	+
CG 12	Greyish white	Flat	Smooth	16	No	No	+
CG 13	White	Flat	Smooth	14	No	No	+
CG 14	Purple	Flat	Irregular	14	Golden	No	++
CG 15	Blackish white	Raised fluffy	Smooth	15	Dark black	No	+
CG 16	Whitish grey	Flat	Irregular	14	No	No	+
CG17	Blackish white	Medium flat growth	Irregular	16	Black	No	++
CG18	Blackish white	Raised fluffy growth	Smooth	15	Dark black	No	+
CG19	White	Medium flat growth	Smooth	14	No	No	++
CG20	Blackish white	Raised fluffy growth	Smooth	14	Dark black	No	+

+ Fraca esporulação: 1-10 esporos/campo microscópico (100X); ++ Esporulação média : 11-50 esporos/campo microscópico (100X); +++ Boa esporulação: Mais de 100 esporos/campo microscópico (100X)

Tabela 4. Caraterísticas culturais de *L. theobromae* cultivadas em meio PDA

Isolate	Colony colour	Topography	Margin	Days taken to cover petri plate	Pigmentation	Zonation	Sporulation
LT1	Greyish white	Aerial	Smooth	8	No	Concentric Zonation	+
LT2	Greyish white	Aerial	Smooth	7	Black	No	+
LT3	Greyish black	Aerial	Smooth	8	No	No	+
LT4	White	Aerial	Smooth	7	Dark black	No	++
LT5	Grey	Aerial	Smooth	7	Black	No	++
LT6	Greyish white	Aerial	Smooth	7	Black	No	+
LT7	Grey	Aerial	Irregular	7	No	No	+
LT8	Greyish black	Aerial	Smooth	7	Black	No	+
LT9	Greysih brown	Aerial	Smooth	7	Black	No	++
LT10	Grayish white	Aerial	Smooth	7	Black	No	+
LT11	White	Aerial	Smooth	7	Dark black	No	++
LT12	Black	Aerial	Smooth	7	Black	No	+
LT13	Blackish grey	Aerial	Smooth	8	Black	No	+
LT14	Blackish grey	Aerial	Smooth	5	Black	Concentric Zonation	+++
LT15	Greyish black	Aerial	Smooth	7	Black	No	+
LT16	Blackish white	Aerial	Smooth	7	Black	No	++

+ Fraca esporulação: 1-10 esporos/campo microscópico (100X); ++ Esporulação média : 11-50 esporos/campo microscópico (100X); +++ Boa esporulação: Mais de 100 esporos/campo microscópico (100X)

Tabela 5. Efeito de diferentes meios sólidos no crescimento de isolados de *C. gloeosporioides*

Isolates	Mycelial diameter (mm)* (7 DAI)					
	Walksman's agar	Rose Bengal agar	Water agar	Czapek Dox agar	Oat meal agar	PDA
CG1	8.2^d	29.0^b	35.3^d	74.3^c	87.2^b	88.5^c
CG2	11.0^a	30.3^a	38.4^a	76.8^a	88.5^a	90.0^a
CG3	8.0^d	25.4^f	35.5^d	75.5^b	87.1^b	89.0^b
CG4	10.1^b	28.5^c	37.4^b	75.1^b	85.2^d	87.5^d
CG5	9.5^c	25.5^f	33.5^f	74.3^c	86.1^c	89.4^b
CG6	9.0^c	23.5^g	37.6^b	73.5^d	85.8^d	88.0^c
CG7	10.0^b	26.4^e	37.3^b	76.0^a	86.3^c	90.0^a
CG8	9.0^c	27.3^d	36.1^c	75.7^b	86.2^c	89.0^b
CG9	8.0^d	29.5^b	37.1^b	72.4^e	87.3^b	88.5^c
CG10	9.0^c	22.5^h	34.2^e	75.8^b	86.1^c	90.0^a
CG11	9.0^c	28.4^c	36.4^c	75.9^b	85.4^d	89.0^b
CG 12	7.0^e	25.6^f	32.8^g	74.1^c	86.2^c	88.5^c
CG 13	8.0^d	29.0^b	33.3^f	74.1^c	87.1^b	87.5^d
CG 14	9.0^c	23.5^g	35.3^d	73.4^d	85.4^d	88.0^c
CG 15	8.0^d	29.4^b	36.5^c	75.2^b	87.8^b	90.0^a
CG 16	9.0^c	28.2^c	36.2^c	75.8^b	86.3^c	90.0^a
CG17	10.0^b	26.4^e	37.3^b	74.1^c	87.2^b	89.0^b
CG18	9.0^c	25.2^f	32.5^g	75.3^b	85.1^d	88.0^c
CG19	10.0^b	28.5^c	33.4^f	75.6^b	87.3^b	87.5^d
CG20	8.0^d	29.4^b	37.3^b	74.1^c	85.3^d	88.0^c
Mean	8.94	27.07	35.67	74.85	86.44	88.77

1Média de três repetições. DAI-Dias após a inoculação

Numa coluna, as médias seguidas de uma letra comum não são significativamente diferentes ao nível de 5 % pelo DMRT.

Tabela 6. Efeito de diferentes meios sólidos no crescimento de isolados de *L. theobromae*

Isolates	Mycelial diameter (mm)* (5 DAI)						
	V8 juice agar	Mannitol yeast extract	Corn meal agar	Potato carrot agar	Czapek Dox agar	Potato sucrose agar	PDA
LT1	33.4^c	46.4^f	80.4^e	66.6^f	86.1^c	89.3^a	88.3^c
LT2	33.4^c	48.5^d	82.5^c	69.0^c	87.4^b	88.3^b	89.0^b
LT3	34.5^b	49.2^c	82.1^c	70.1^b	87.7^b	89.1^a	89.4^b
LT4	33.3^c	50.0^b	83.4^b	67.1^e	87.5^b	89.0^a	89.5^b
LT5	35.0^a	47.3^e	84.3^a	69.6^c	86.7^c	88.3^b	90.0^a
LT6	34.3^b	50.0^b	83.1^b	68.5^d	86.9^c	88.1^b	90.0^a
LT7	34.1^b	50.5^b	82.3^c	69.5^c	87.0^b	89.0^a	89.6^b
LT8	33.0^c	49.4^c	81.3^d	68.3^d	87.4^b	89.1^a	89.3^b
LT9	33.2^c	48.3^d	83.4^b	70.4^b	86.3^c	89.5^a	88.5^c
LT10	35.0^a	49.0^c	83.1^b	68.2^d	88.2^a	88.4^b	89.5^b
LT11	35.5^a	51.9^a	84.5^a	70.5^b	87.4^b	89.0^a	90.0^a
LT12	32.5^d	49.0^c	81.1^d	71.4^b	87.4^b	89.5^a	88.9^c
LT13	34.2^b	48.6^d	82.3^c	70.2^b	86.2^c	88.4^b	89.6^b
LT14	35.5^a	47.3^e	79.4^f	74.2^a	88.8^a	89.7^a	90.0^a
LT15	31.5^e	50.3^b	82.9^c	69.0^c	87.5^b	89.1^a	89.4^b
LT16	32.9^d	49.3^c	83.5^b	70.5^b	86.3^c	89.5^a	89.1^b
Mean	33.76	49.06	82.47	69.56	87.17	89.03	89.38

1Média de três repetições. DAI-Dias após a inoculação

Numa coluna, as médias seguidas de uma letra comum não são significativamente diferentes ao nível de 5 % pelo DMRT.

Tabela 7. Expressão de sintomas por diferentes diluições de filtrados de cultura de _C. gloeosporioides_ (ARAF) e _L. theobromae_ (KKNT) em folhas de mangueira

C. gloeosporioides culture filtrate		_L. theobromae_ culture filtrate	
Dilutions	Symptom expression grade	Dilutions	Symptom expression grade
Crude filtrate	+ +	Crude filtrate	+ + +
1:1.0	+ +	1:1.0	+ + +
1:2.5	+	1:2.5	+ + +
1:5.0	(+)	1:5.0	+ + +
1:7.5	(+)	1:7.5	+ + +
1:10	(+)	1:10	+ +
Broth Control	-	Broth Control	-
Water Control	-	Water Control	-

-, sem lesão; (+), menos de 5 mm; +, 5-7 mm; ++, 7-10 mm; + + +, mais de 10 mm

Tabela 8. Efeito do filtrado de cultura de _C. gloeosporioides_ em várias plantas não hospedeiras às 24 h e 48 h do período de incubação

Different dilutions	Tomato		Chilli		Tobacco		_Boerhaavia diffusa_		_Euphorbia geniculata_		_Euphorbia hirta_		_Parthenium hysterophorus_		_Phylanthus niruri_		_Tridax procumbens_	
	24hr	48hr	24hr	48hr	24hr	48hr	24hr	48hr	24hr	48hr	24hr	48hr	24hr	48hr	24hr	48hr	24hr	48hr
1:10	D, B	CL, CW	D, MN,	CD, CW	NS	MN, CD, CW	NS	MN, CD, CW	NS	CL, CD, CW	NS	CD, CW	NS	D, MN	NS	MN, CL, CW	NS	D, B, MN
1:7.5	D, B, CW	MN, CL, CW	D, CL, CW	MN, CD, CW	NS	MN, CL, CD, CW	D, MN, CW	MN, CD, CW	D, MN, CL, CW	CL, CD, CW	D, CW	CD, CW	NS	D, MN, CW	D, CL, CW	MN, CL, CW	D, B	MN, CL, CW
1:5	D, B, CW	MN, CL, CW	D, MN, CL, CW	MN, CD, CW	D, CL, CW	MN, CL, CD, CW	D, MN, CW	MN, CD, CW	D, MN, CL, CW	CL, CD, CW	D, CW	CD, CW	D, MN, CL, CW	MN, CL, CW	D, CL, CW	MN, CL, CW	D, B, MN, CW	MN, CL, CW
1:2.5	D, B, MN, CL, CW	MN, CL, CW	D, MN, CL, CW	MN, CD, CW	D, MN, CL, CW	MN, CL, CD, CW	D, MN, CL, CW	MN, CL, CD, CW	D, MN, CL, CW	CL, CD, CW	D, CW	CL, CD, CW	D, MN, CL, CW	MN, CL, CW	D, CL, CW	MN, CL, CW	D, B, MN, CL, CW	MN, CL, CW
1:1	D, B, MN, CL, CW	MN, CL, CW	D, MN, CL, CW	MN, CD, CW	D, B, MN, CL, CW	MN, CL, CD, CW	D, MN, CL, CW	MN, CL, CD, CW	D, MN, CL, CW	CL, CD, CW	D, MN, CL, CW	CL, CD, CW	D, MN, CL, CW	MN, CL, CW	D, CL, CW	MN, CL, CW	D, B, MN, CL, CW	MN, CL, CW
Crude	D, B, MN, CL, CW	MN, CL, CW	D, MN, CL, CW	MN, CD, CW	D, B, MN, CL, CW	MN, CL, CD, CW	D, MN, CL, CW	MN, CL, CD, CW	D, MN, CL, CW	CL, CD, CW	D, MN, CL, CW	CL, CD, CW	D, MN, CL, CW	MN, CL, CW	D, CL, CW	MN, CL, CW	D, B, MN, CL, CW	MN, CL, CW
Broth Control	NS	NS	NS	NS	NS	NS	NS	NS	NS	NS	NS	NS	NS	NS	NS	NS	NS	NS
Water Control	NS	NS	NS	NS	NS	NS	NS	NS	NS	NS	NS	NS	NS	NS	NS	NS	NS	NS

D - Descaimento ligeiro; CD - Descaimento completo; B - Escurecimento; MN - Necrose marginal; CL - Enrolamento das folhas; PW - Murchamento parcial;
CW - Murchidão completa; NS - Sem sintomas; todos os resultados são baseados na comparação de três repetições

Quadro 9. Efeito do filtrado de cultura de *L. theobromae* em várias plantas não hospedeiras às 24 h e 48 h do período de incubação

Different dilutions	Tomato		Chilli		Tobacco		*Boerhaavia diffusa*		*Euphorbia geniculata*		*Euphorbia hirta*		*Parthenium hysterophorus*		*Phylanthus niruri*		*Tridax procumbens*	
	24hr	48hr	24hr	48hr	24hr	48hr	24hr	48hr	24hr	48hr	24hr	48hr	24hr	48hr	24hr	48hr	24hr	48hr
1:10	D, B, CW	CL, CW	D, MN, CW	MN, CD, CW	NS	MN, CD, CW	NS	MN, CD, CW	NS	CL, CD, CW	NS	CD, CW	NS	D, B, MN	D, CL	MN, CL, CW	NS	D, B, MN
1:7.5	D, B, CW	MN, CL, CW	D, CL, CW	MN, CD, CW	NS	MN, CL, CD, CW	D, MN, CL, CW	MN, CL, CD, CW	D, MN, CL, CW	CL, CD, CW	D, MN, CW	CD, CW	NS	D, B, MN, CW	D, CL, CW	MN, CL, CW	D, B, MN, CW	MN, CL, CW
1:5	D, B, CW	MN, CL, CW	D, MN, CL, CW	MN, CD, CW	D, CL, CW	MN, CL, CD, CW	D, MN, CL, CW	MN, CL, CD, CW	D, MN, CL, CW	CL, CD, CW	D, MN, CL, CW	CL, CD, CW	D, B, MN, CL, CW	MN, CL, CW	D, CL, CW	MN, CL, CW	D, B, MN, CW	MN, CL, CW
1:2.5	D, B, MN, CL, CW	MN, CL, CW	D, MN, CL, CW	MN, CD, CW	D, B, MN, CL, CW	MN, CL, CD, CW	D, MN, CL, CW	MN, CL, CD, CW	D, MN, CL, CW	CL, CD, CW	D, MN, CL, CW	CL, CD, CW	D, B, MN, CL, CW	MN, CL, CW	D, CL, CW	MN, CL, CW	D, B, MN, CL, CW	MN, CL, CW
1:1	D, B, MN, CL, CW	MN, CL, CW	D, MN, CL, CW	MN, CD, CW	D, B, MN, CL, CW	MN, CL, CD, CW	D, MN, CL, CW	MN, CL, CD, CW	D, MN, CL, CW	CL, CD, CW	D, MN, CL, CW	CL, CD, CW	D, B, MN, CL, CW	MN, CL, CW	D, CL, CW	MN, CL, CW	D, B, MN, CL, CW	MN, CL, CW
Crude	D, B, MN, CL, CW	MN, CD, CL, CW	D, MN, CL, CW	MN, CL, CD, CW	D, B, MN, CL, CW	MN, CL, CD, CW	D, MN, CL, CW	MN, CL, CD, CW	D, MN, CL, CW	CL, CD, CW	D, MN, CL, CW	CL, CD, CW	D, B, MN, CL, CW	MN, CL, CW	D, CL, CW	MN, CL, CW	D, B, MN, CL, CW	MN, CL, CW
Broth Control	NS	NS	NS	NS	NS	NS	NS	NS	NS	NS	NS	NS	NS	NS	NS	NS	NS	NS
Water Control	NS	NS	NS	NS	NS	NS	NS	NS	NS	NS	NS	NS	NS	NS	NS	NS	NS	NS

D - Queda ligeira; CD - Queda completa; B - Escurecimento; MN - Necrose marginal; CL - Enrolamento das folhas; PW - Murchamento parcial; CW - Murchamento completo; NS - Sem sintomas; todos os resultados são baseados na comparação de três repetições.

Tabela 10. Efeito do filtrado de cultura de *C. gloeosporioides* na germinação de sementes, no comprimento de rebentos e de raízes de várias sementes não hospedeiras

Concentrations	Maize				Sorghum				Rice			
	Germination (%)	Shoot length (cm)	Root length (cm)	Vigour index	Germination (%)	Shoot length (cm)	Root length (cm)	Vigour index	Germination (%)	Shoot length (cm)	Root length (cm)	Vigour index
Water Control	99.0	21.31[a] (27.49)	20.67[a] (27.04)	4156	98.0	14.76[a] (22.59)	21.76[a] (27.80)	3579	95.0	10.87[a] (19.24)	18.98[b] (25.82)	2836
Broth Control	98.0	19.56[b] (26.24)	18.81[b] (25.70)	3760	98.0	12.67[b] (20.85)	19.65[b] (26.31)	3167	89.0	9.76[b] (18.20)	19.87[a] (26.47)	2637
Crude	0.0	0.00[g]	0.00[g]	0	0.0	0.00[e]	0.00[f]	0	0.0	0.00[g]	0.00[f]	0
1:1	0.0	0.00[g]	0.00[g]	0	0.0	0.00[e]	0.00[f]	0	16.0	1.50[f] (7.04)	0.00[f]	27
1:2.5	19.0	1.08[f] (5.96)	1.15[f] (6.15)	42	0.0	0.00[e]	0.00[f]	0	19.0	1.50[f] (7.04)	0.00[f]	36
1:5	24.0	2.11[e] (8.35)	2.81[e] (9.64)	118	12.0	0.00[e]	1.01[e] (5.76)	13	49.0	3.48[e] (10.75)	4.50[e] (12.25)	391
1:7.5	37.0	4.43[d] (12.14)	3.27[d] (10.41)	284	26.0	4.65[d] (12.45)	1.98[d] (8.08)	172	82.0	4.87[d] (12.74)	9.87[d] (18.30)	1209
1:10	45.0	5.13[c] (13.08)	7.43[c] (15.81)	565	54.0	5.98[c] (14.15)	4.56[c] (12.32)	569	87.0	5.65[c] (13.74)	8.87[c] (17.32)	1263

*Média de três replicações

Numa coluna, as médias seguidas de uma letra comum não são significativamente diferentes ao nível de 5% pelo DMRT; os valores entre parênteses são valores transformados em arco-seno.

Tabela 11. Efeito do filtrado de cultura de *L. theobromae* na germinação de sementes, no comprimento de rebentos e de raízes de várias sementes não hospedeiras

Concentrations	Maize				Sorghum				Rice			
	Germination (%)	Shoot length (cm)	Root length (cm)	Vigour index	Germination (%)	Shoot length (cm)	Root length (cm)	Vigour index	Germination (%)	Shoot length (cm)	Root length (cm)	Vigour index
Water Control	99.0	27.01^a (31.31)	21.33^a (27.50)	4786	98.0	19.98^a (26.54)	22.45^a (28.28)	4158	92.0	9.87^a (18.30)	19.67^a (26.32)	2718
Broth Control	98.0	24.22^b (29.47)	17.81^b (24.96)	4119	98.0	18.87^b (25.74)	20.34^b (26.80)	3843	94.0	10.76^b (19.14)	17.34^b (24.60)	2641
Crude	0.0	0.00^f	0.00^g	0	0.0	0.00^e	0.00^e	0	0.0	0.00^e	0.00^d	0
1:1	0.0	0.00^f	0.00^g	0	0.0	0.00^e	0.00^e	0	0.0	0.00^e	0.00^d	0
1:2.5	16.0	0.00^f	2.49^f (9.07)	13	0.0	0.00^e	0.00^e	0	0.0	0.00^e	0.00^d	0
1:5	22.0	2.31^e (8.74)	2.91^e (9.82)	115	0.0	0.00^e	0.00^e	0	0.0	0.00^e	0.00^d	0
1:7.5	43.0	4.22^d (11.85)	4.31^d (11.98)	367	11.0	0.45^d (3.84)	0.45^d (3.84)	10	23.0	1.10^d (6.01)	0.00^d	32
1:10	51.0	4.81^c (12.66)	5.31^c (13.32)	516	43.0	5.76^c (13.88)	6.99^c (15.32)	548	38.0	2.34^c (8.79)	4.76^c (12.60)	270

*Média de três replicações

Numa coluna, as médias seguidas de uma letra comum não são significativamente diferentes ao nível de 5% pelo DMRT; os valores entre parênteses são valores transformados em arco-seno.

Tabela 12. Expressão de sintomas por diferentes diluições de toxina bruta *de C. gloeosporioides* (ARAF) e *L. theobromae* (KKNT) em folhas de mangueira

C. gloeosporioides toxin		*L. theobromae* toxin	
Dilutions	Symptom expression grade	Dilutions	Symptom expression grade
Crude Toxin	++	Crude	+ + +
1:1.0	+	1:1.0	+ + +
1:2.5	(+)	1:2.5	+ + +
1:5.0	(+)	1:5.0	+ + +
1:7.5	(+)	1:7.5	+ +
1:10	(+)	1:10	+
Control	-	Control	-

-, sem lesão; (+), menos de 5 mm; +, 5-7 mm; ++, 7-10 mm; + + +, mais de 10 mm

Tabela 13. Expressão de sintomas por diferentes diluições da toxina bruta *de C. gloeosporioides* (ARAF) e *L. theobromae* (KKNT) em frutos de manga

C. *gloeosporioides* toxin		L. *theobromae* toxin	
Dilutions	Symptom expression grade	Dilutions	Symptom expression grade
1:1.0	+ + +	1:1.0	+ + +
1:2.5	+ + +	1:2.5	+ + +
1:5.0	+ + +	1:5.0	+ + +
1:10	+ +	1:10	+ +
Control	-	Control	-

-, sem lesão; (+), menos de 5 mm; +, 5-7 mm; ++, 7-10 mm; + + +, mais de 10 mm

Placa 1a. Tabela de pontuação de doenças para a antracnose da manga

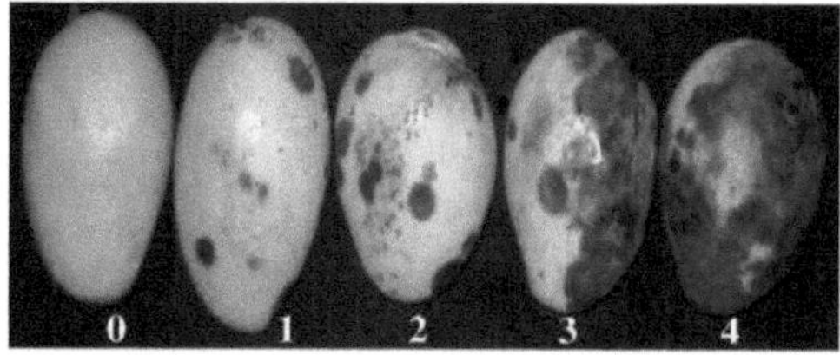

Placa 1b. Tabela de classificação de doenças para a podridão peduncular da manga

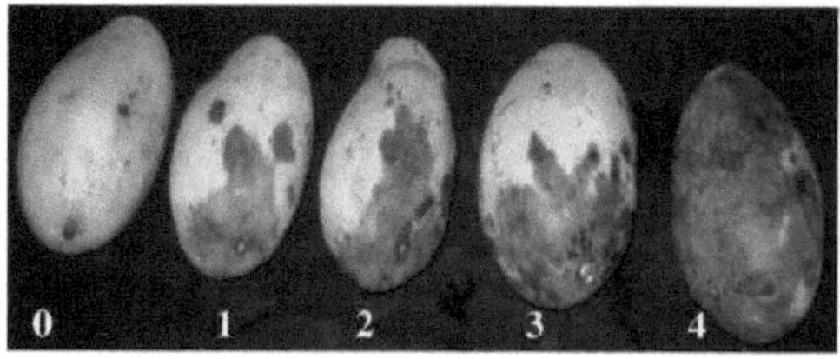

Placa 2a. Sintomas da antracnose e da podridão peduncular da manga

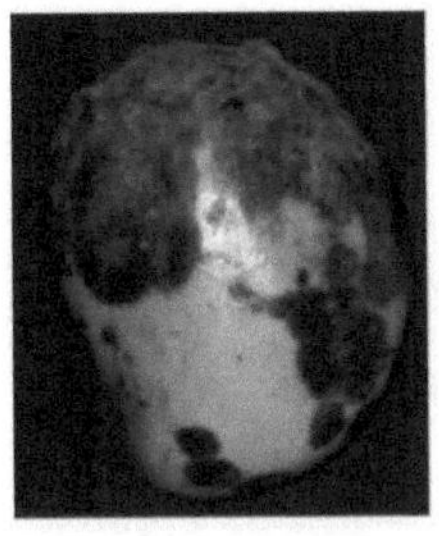

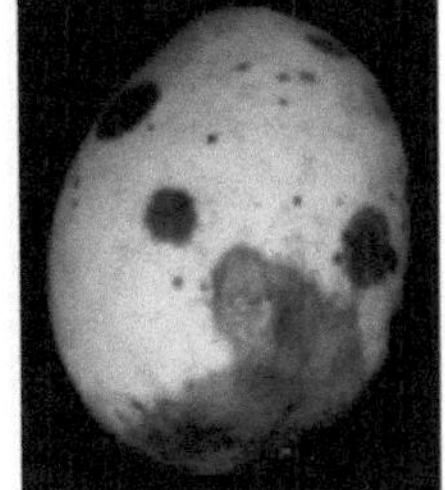

Anthracnose   Stem end rot

Placa 2b. Cultura pura de agentes patogénicos

Colletotrichum gloeosporioides   *Lasiodiplodia theobromae*

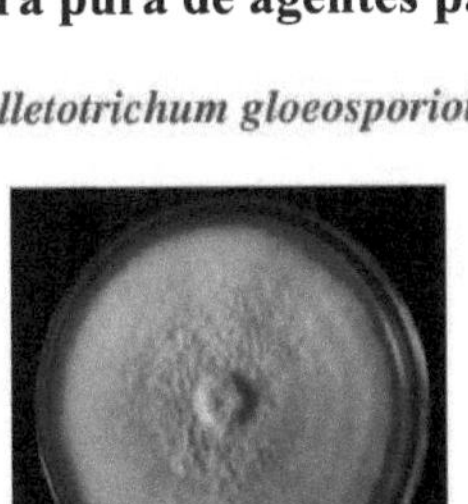
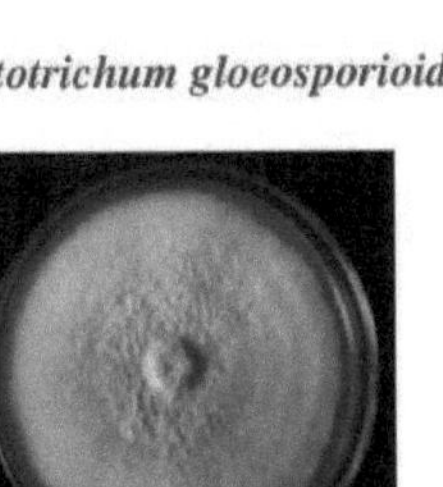
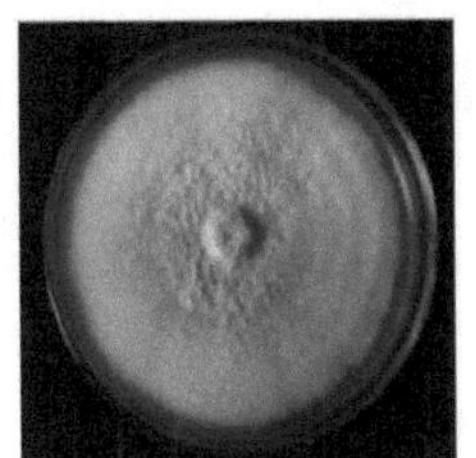
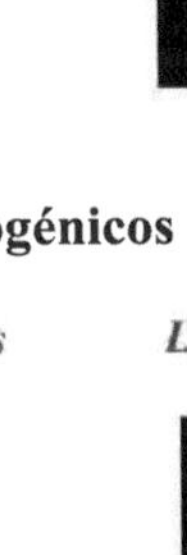

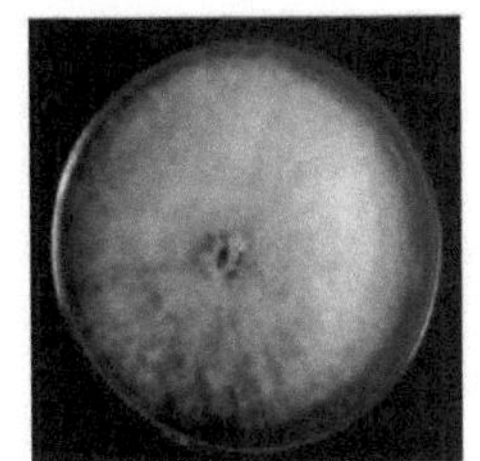

Acervulus   Pycnidia

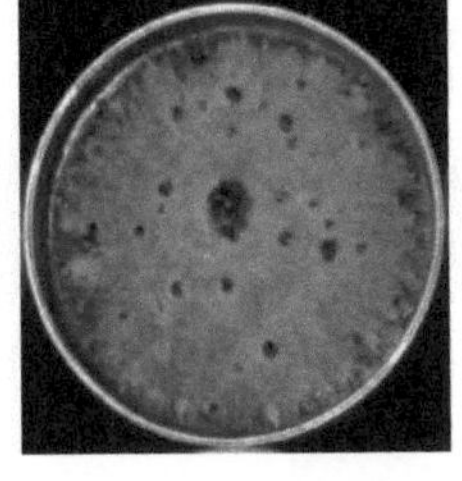
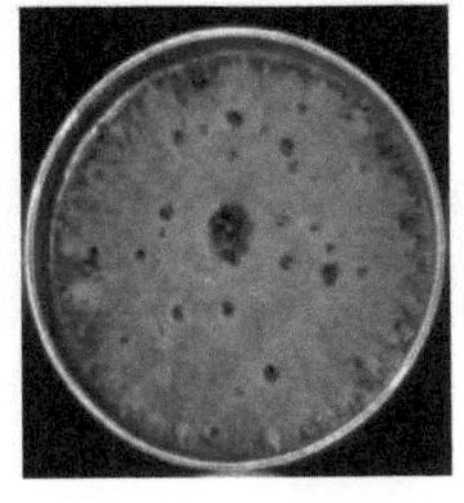

Placa 2c.Vista microscópica do patogéneo *CoUetotrichum* e *Lasiodiplodia*

Conidia of *Colletotrichum*   Pycnidiospores of *Lasiodiplodia*

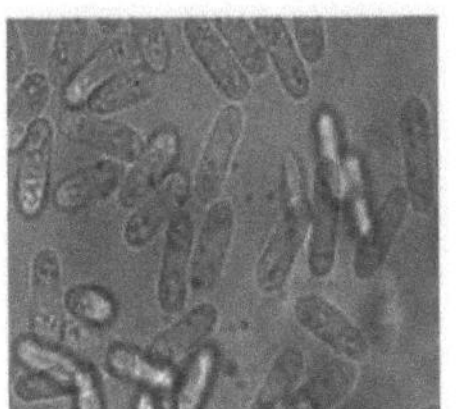

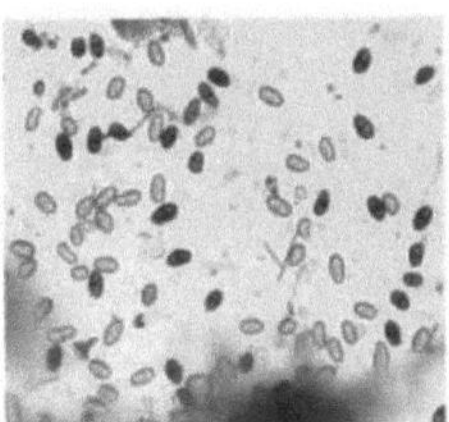

95

Placa 3a. Patogenicidade de *C. gloeosporioides* em frutos de manga

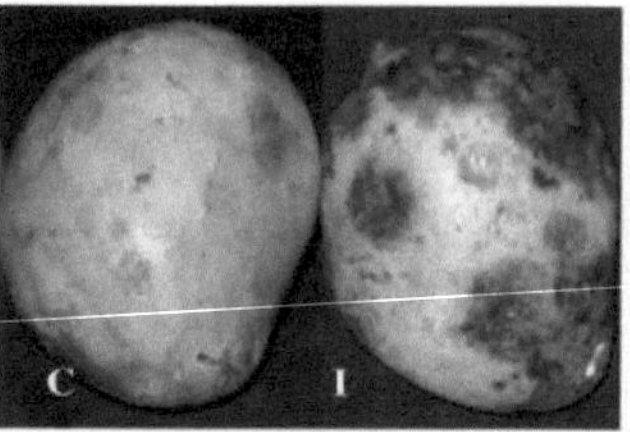

Placa 3b. Patogenicidade de *L. theobromae* em frutos de manga

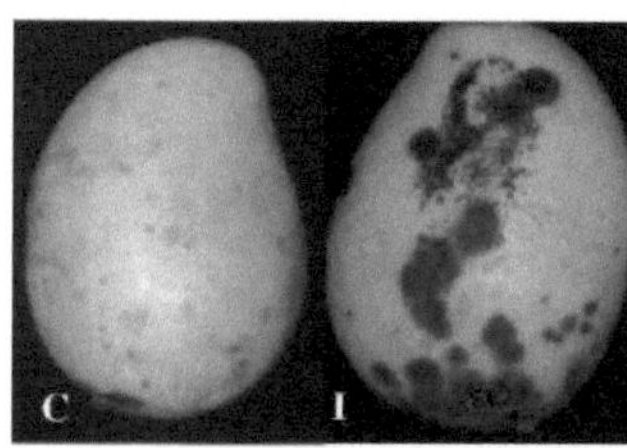

Placa 4a. Seleção de um isolado virulento de *C. gloeosporioides* em frutos de manga

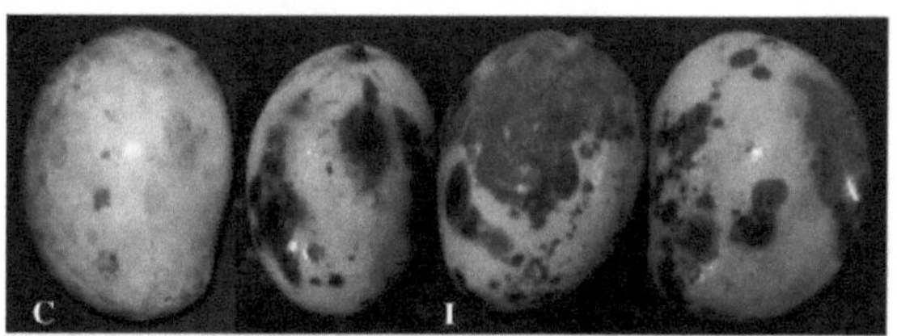

Placa 4b. Seleção de um isolado virulento de *L. theobromae* em frutos de manga

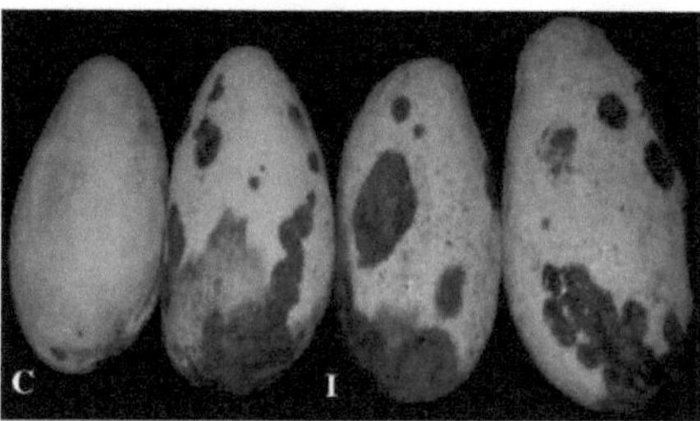

Placa 5. Caracteres culturais de diferentes isolados de *C. gloeosporioides* em meio PDA

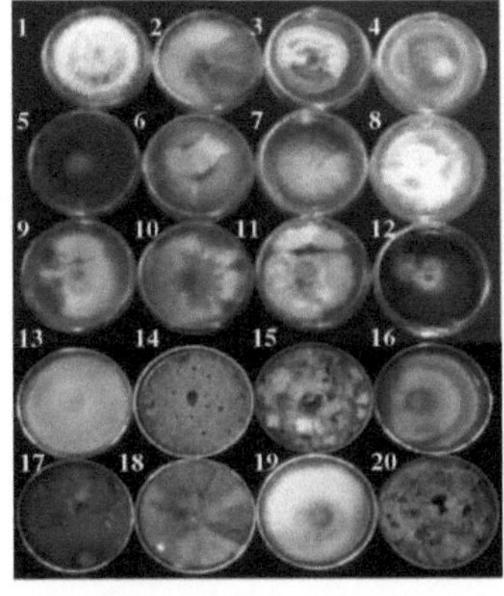

1. CG 1   2. CG 2   3. CG 3

4. CG 4   5. CG 5   6. CG 6

7. CG 7   8. CG 8   9. CG 10

10. CG 11   11. CG 11   12. CG 12

13. CG 13   14. CG 14   15. CG 15

16. CG 16   17. CG 17   18. CG 18

19. CG 19   20. CG 20

Placa 6. Caracteres culturais de diferentes isolados de *L. theobromae* em meio PDA

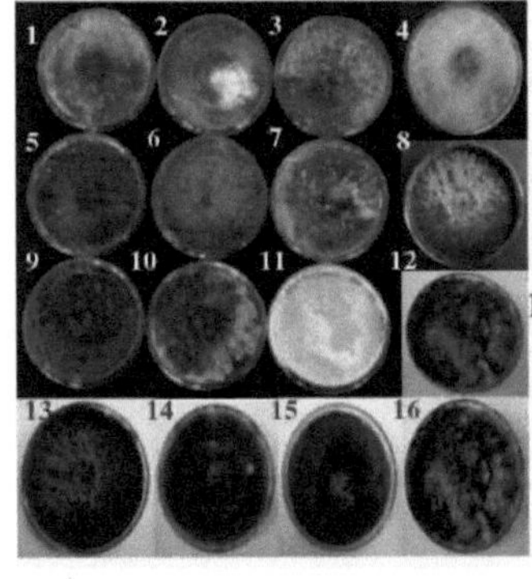

1. LT1   2. LT2   3. LT3   4. LT4

5. LT5   6. LT6   7. LT7   8. LT8

9. LT9   10. LT10   11. LT11   12. LT12

13. LT13   14. LT14   15. LT15   16. LT16

Placa 7. Efeito de diferentes meios sólidos no crescimento micelial de *C. gloeosporioides*

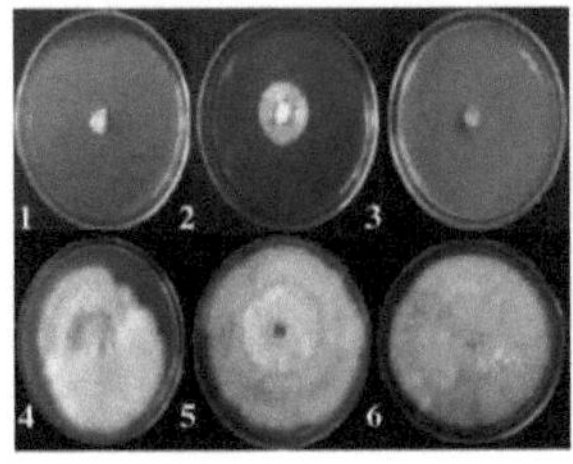

1. Walksman's agar
2. Rose Bengal agar
3. Water agar
4. Czapek Dox agar
5. Oat meal agar
6. PDA

Placa 8. Efeito de diferentes meios sólidos no crescimento micelial de *L. theobromae*

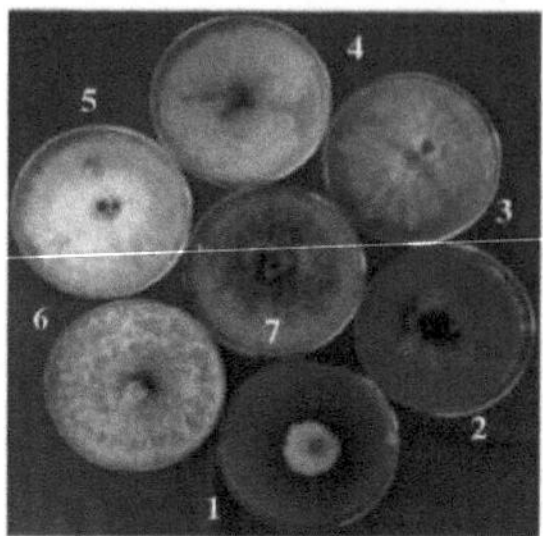

1. V8 juice agar
2. Mannitol yeast extract
3. Corn meal agar
4. Potato carrot agar
5. Czapek Dox agar
6. Potato sucrose agar
7. PDA

Placa 9. Amplificação de fragmentos ITS de isolados *de C. gloeosporioides*

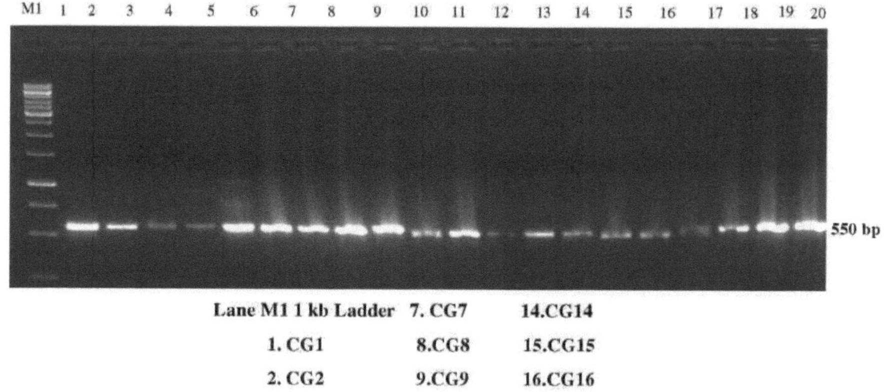

Lane M1 1 kb Ladder

1. CG1	7. CG7	14.CG14
2. CG2	8.CG8	15.CG15
3. CG3	9.CG9	16.CG16
4. CG4	10.CG10	17.CG17
5.CG5	11.CG11	18.CG18
6. CG6	12.CG12	19.CG19
	13.CG13	20.CG20

Placa 10. Amplificação de fragmentos ITS de isolados *de L. theobromae*

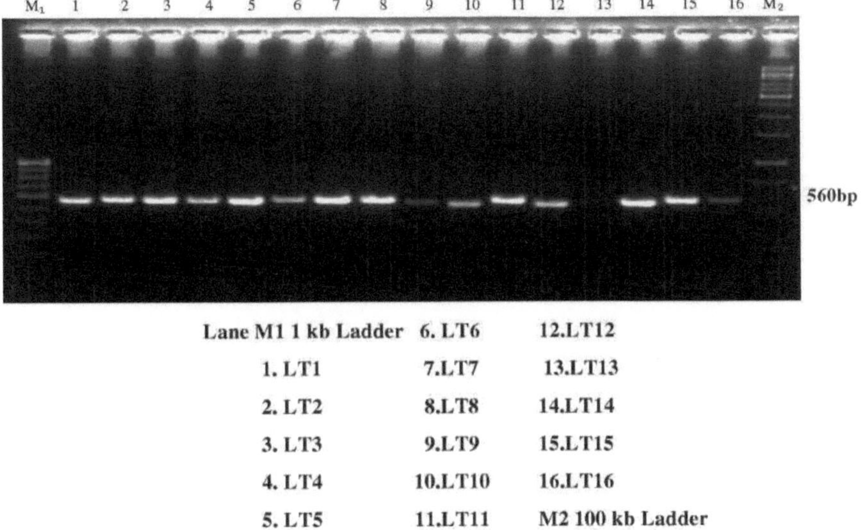

Lane M1 1 kb Ladder

	6. LT6	12.LT12
1. LT1	7.LT7	13.LT13
2. LT2	8.LT8	14.LT14
3. LT3	9.LT9	15.LT15
4. LT4	10.LT10	16.LT16
5. LT5	11.LT11	M2 100 kb Ladder

Placa 11a. Bioensaio de filtrados de cultura de *C. gloeosporioides* em folhas de manga

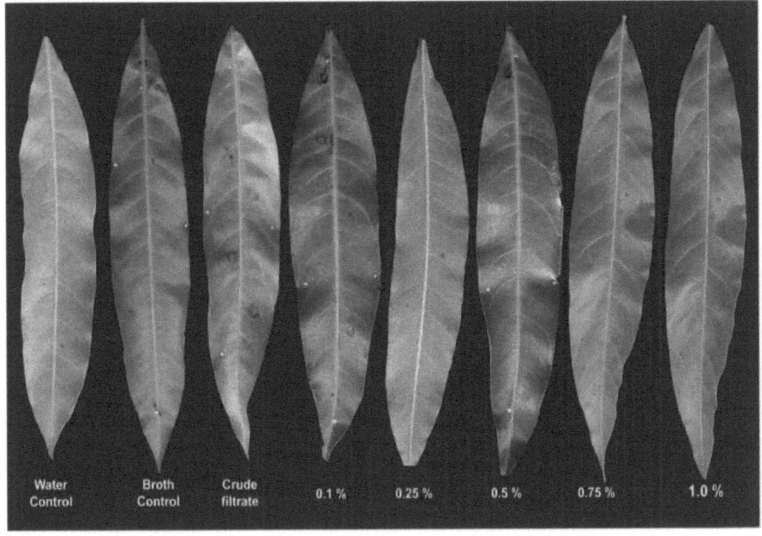

Placa 11b. Bioensaio de filtrados de culturas de *L. theobromae* em folhas de manga

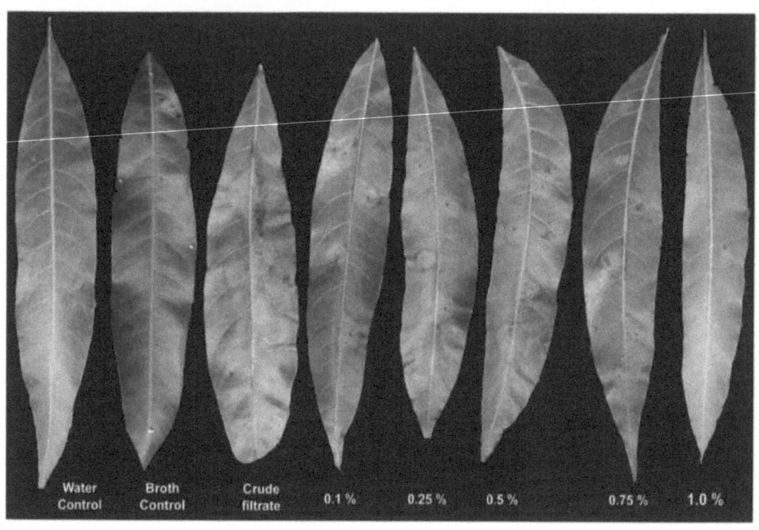

Placa 12a. Bioensaio de filtrados de cultura com várias plantas não hospedeiras

Tomato

Chilli

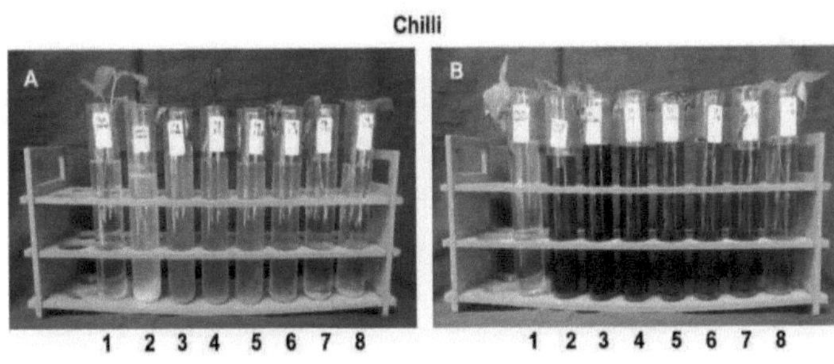

Tobacco

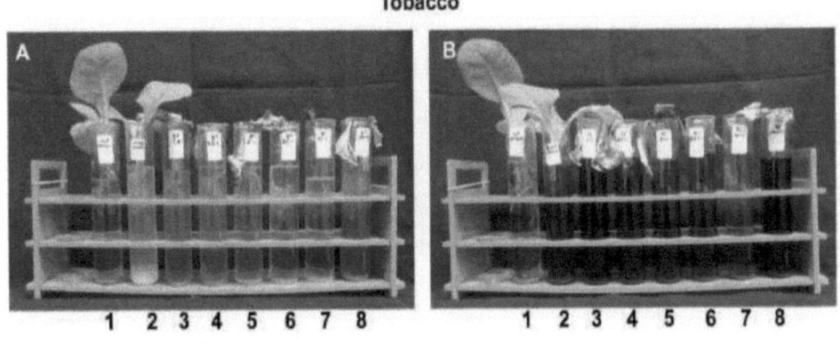

A) *C. gloeosporioides* culture filtrate   B) *L. theobromae* culture filtrate

1) Water control; 2) Broth control; 3) Crude filtrate; 4) 1:1; 5) 1:2.5; 6) 1:5; 7) 1:7.5; 8) 1:10

101

Placa 12b. Bioensaio de filtrados de cultura com várias plantas não hospedeiras

Boerhaavia diffusa

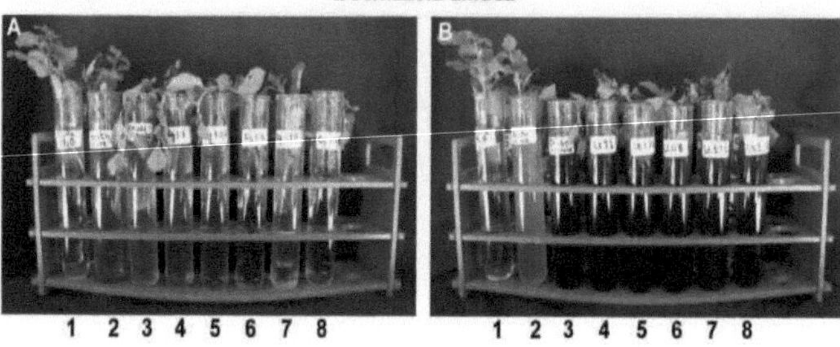

Euphorbia geniculata

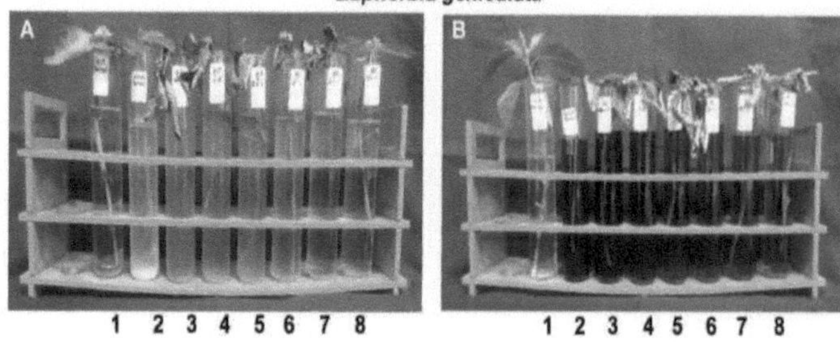

Euphorbia hirta

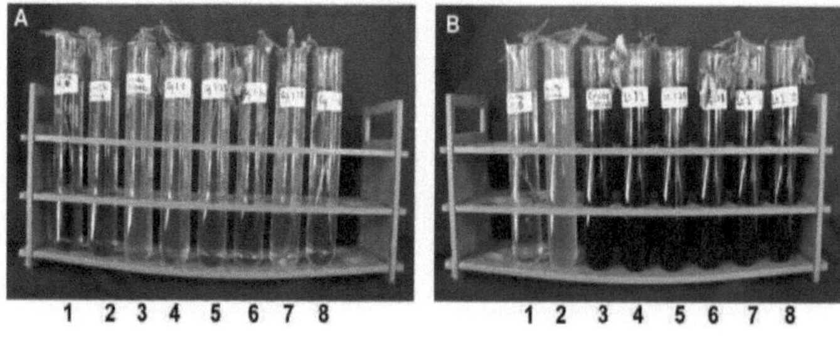

A) *C. gloeosporioides* culture filtrate   B) *L. theobromae* culture filtrate

1) Water control; 2) Broth control; 3) Crude filtrate; 4) 1:1; 5) 1:2.5; 6) 1:5; 7) 1:7.5; 8) 1:10

Placa 12c. Bioensaio de filtrados de cultura com várias plantas não hospedeiras

Parthenium hysterophorus

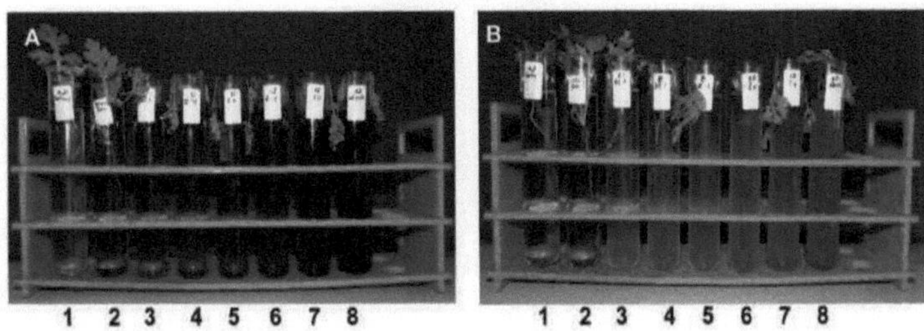

Phylanthus niruri

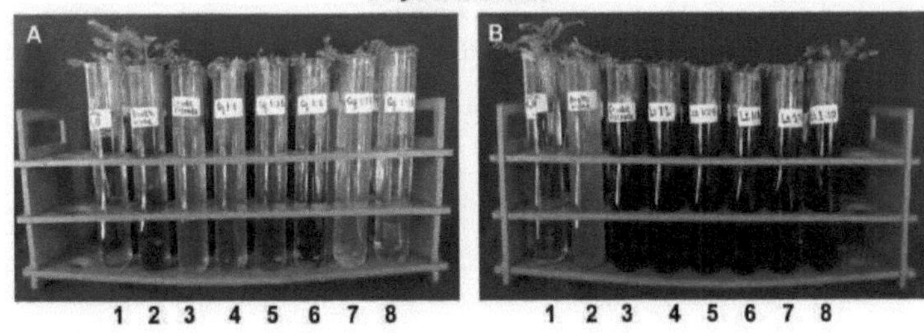

Tridax procumbens

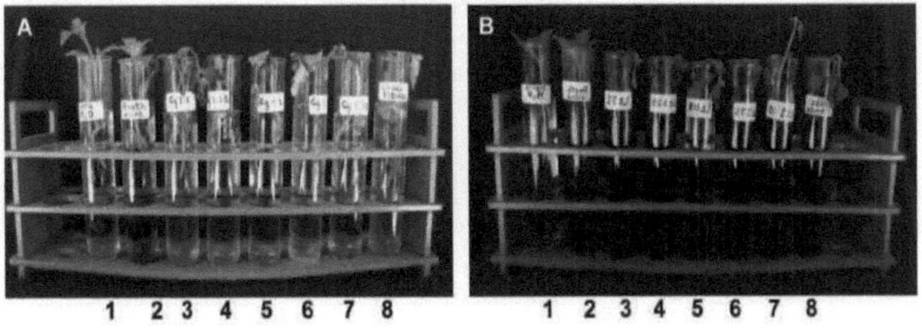

A) *C. gloeosporioides* culture filtrate   B) *L. theobromae* culture filtrate

1) Water control; 2) Broth control; 3) Crude filtrate; 4) 1:1; 5) 1:2.5; 6) 1:5; 7) 1:7.5; 8) 1:10

Placa 13. Bioensaio de filtrados de cultura em sementes de cereais

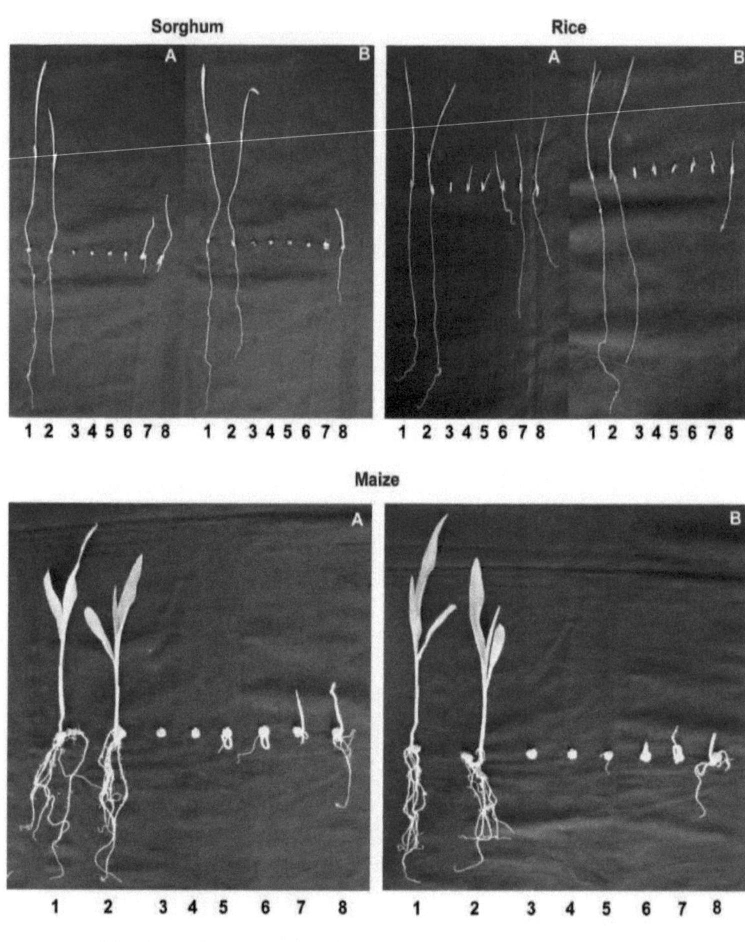

A) *C. gloeosporioides* culture filtrate   B) *L. theobromae* culture filtrate

1) Water control; 2) Broth control; 3) Crude filtrate; 4) 1:1; 5) 1:2.5; 6) 1:5; 7) 1:7.5; 8) 1:10

Placa 14a. Efeito da toxina bruta *de C. gloeosporoides* nas folhas de mangueira

Placa 14b. Efeito da toxina bruta *de L. theobromae* nas folhas de mangueira

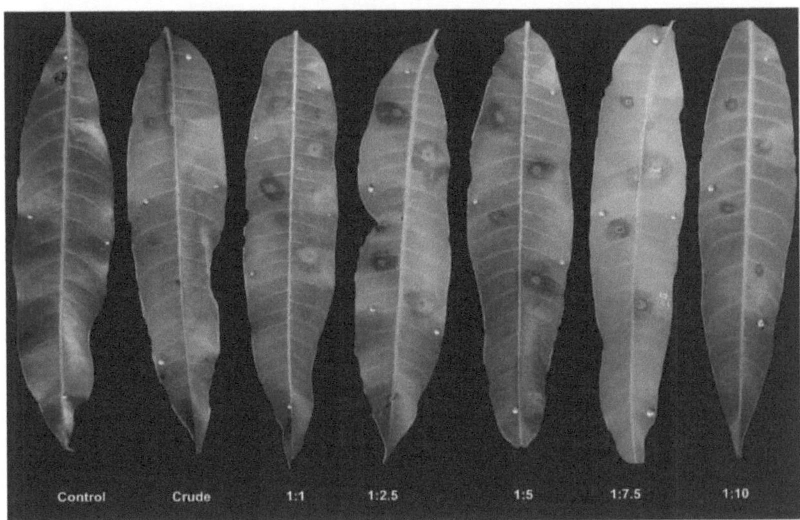

Placa 15a. Efeito da toxina bruta *de C. gloeosporoides* em frutos de manga

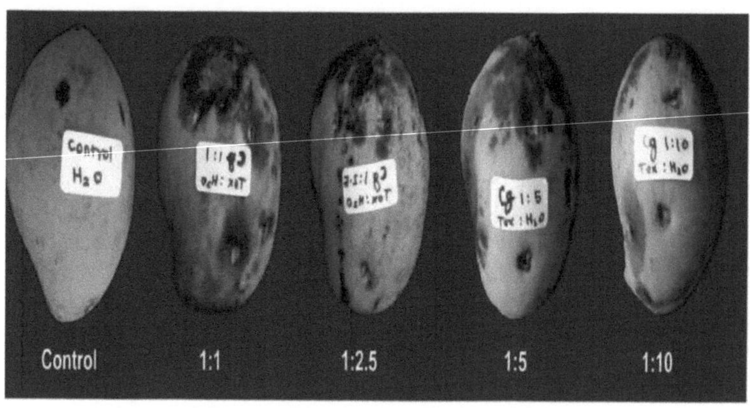

Placa 15b. Efeito da toxina bruta *de L. theobromae* em frutos de manga

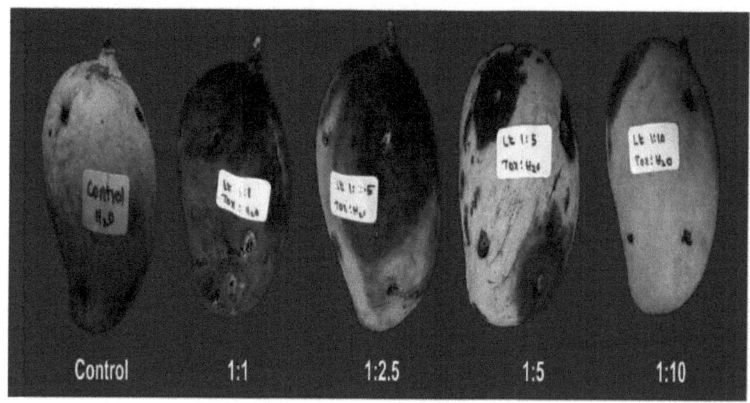

Placa 16. Padronização de diluentes e solventes de fase móvel para cromatografia de camada fina

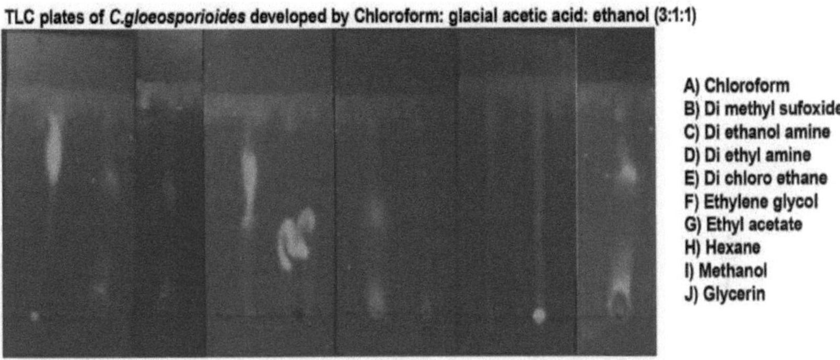

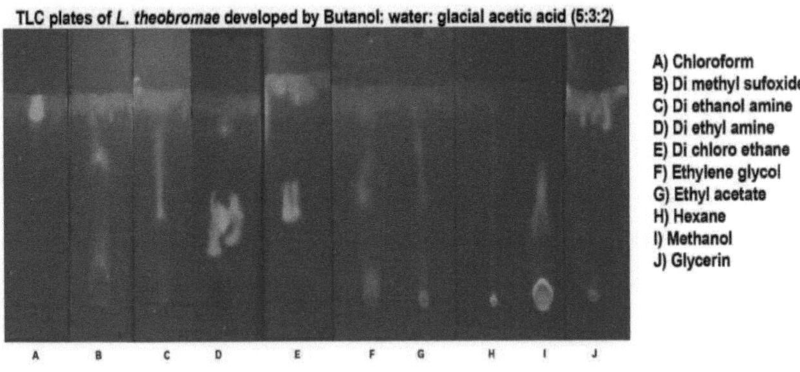

Placa 17. Deteção de toxinas por TLC sob luz UV e gás iodo

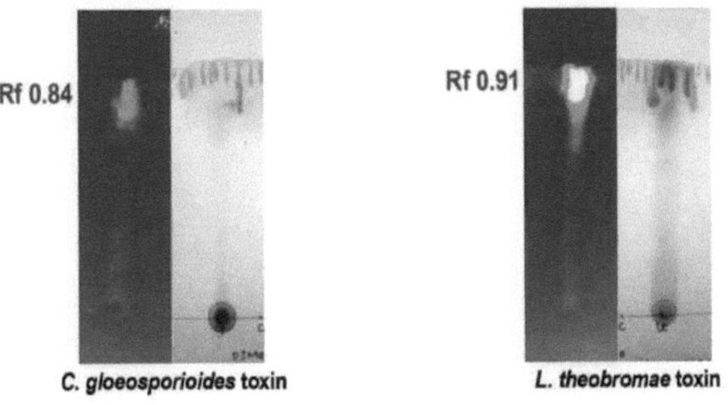

Placa 18. Espectro de compostos tóxicos identificados através de *C. gloeosporioides*

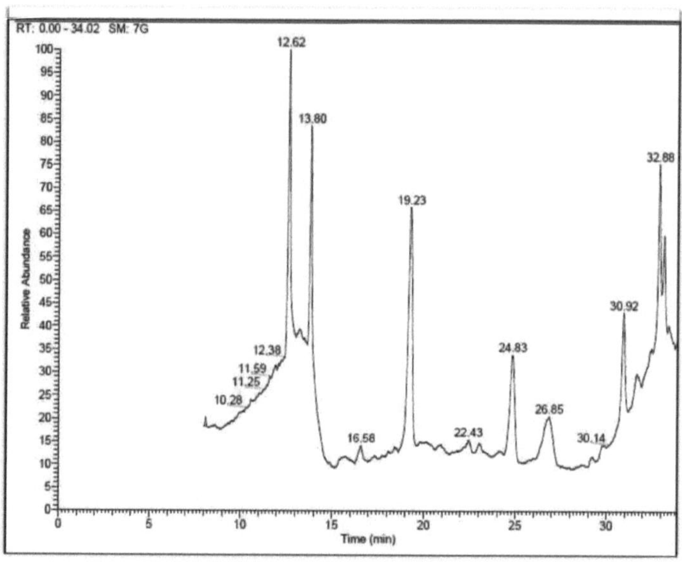

Placa 19. Espectro de compostos tóxicos identificados através de *L. theobromae*

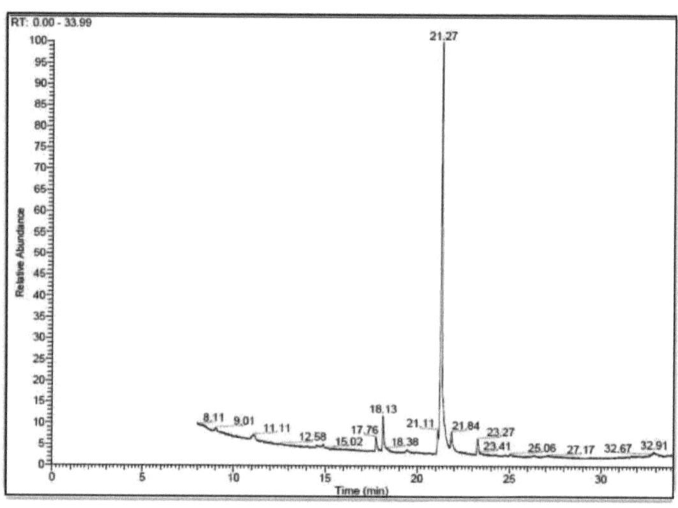

yes
I want morebooks!

Buy your books fast and straightforward online - at one of world's fastest growing online book stores! Environmentally sound due to Print-on-Demand technologies.

Buy your books online at
www.morebooks.shop

Compre os seus livros mais rápido e diretamente na internet, em uma das livrarias on-line com o maior crescimento no mundo! Produção que protege o meio ambiente através das tecnologias de impressão sob demanda.

Compre os seus livros on-line em
www.morebooks.shop

info@omniscriptum.com
www.omniscriptum.com

Printed by Books on Demand GmbH, Norderstedt / Germany